尚波

／

著

余生很贵，请勿浪费

中国华侨出版社

北 京

前言
PREFACE

　　2015 年 4 月，有一封辞职信引发热评。信里只有几个字：世界那么大，我想去看看。有人说这是最具情怀的辞职信。写这封辞职信的人是一名任职长达 11 年的河南女教师，她的名字叫顾少强，辞职的时候已经 35 岁了。值得一提的是，她说想出去看看并不只是说说而已，辞职信获批后，她就离开朝九晚五的生活，开始了一场说走就走的旅行。

　　因为这句话成名后，她拒绝了很多旅游公司的合作方案，一个人去看这个大千世界，追逐自己内心最想要的自由和梦想。如今过去快 4 年了，顾少强确实找到了自己的远方。她还在苍山洱海的一个转角处，遇到了相伴一生的爱人。他们一起怀着诗意，搭伴而行，从西部到南方，从南方到北方，无数的地方留下他们携手的身影。

　　相信每个人的心中都幻想过远方，幻想过自由自在的旅行。辞职信缘何爆红？大概就是它承载了每个人心中那悄悄的秘而不宣的小梦想。我们想做的，没勇气做的，35 岁的她做了。35 岁又如何？

与熟悉的生活告别，去做自己喜欢的事情，需要的是勇气。而勇气，与年龄无关。我们都害怕未知，害怕前途未卜，可是生活的魅力就在于，某一个时刻，某一段时期，你把自己当成一个过客，悄然地溜过一个吸引你的地方，你的生命，你的人生才会被赋予不一样的意义。

其实许多人，都有自己的理想和追求，但大多数的人，并没有坚持下来。由于各种原因，比如没有时间啊，要带小孩啊，要加班啊，久而久之，就放弃了。每每想起，也还在惋惜，对于自己的理想，依然还是向往，就是没有勇气再重新开始。总有人说，太晚了，已经晚了，应该在生命最好的时光里做的。事实上，对一个真正对生活有追求、对生命有热爱的人来说，生命的任何时间都是最好的，来得及的。也有人说那么大年纪了，就是重新开始，也不一定会成功啊。但是摩西奶奶开始画画的时候，从未想过成功，渡边淳一开始写作的时候，也从未想过闻名世界。当你全身心投入到那场只为你而存在的演出里时，你更能够发挥出你的潜力和创造力，如此足矣。

如果你想辞职去学摄影，假如那是你喜欢做的事情，就去做吧；如果你想从头开始做一名设计师，不要犹豫，开始行动吧。很多人担心会不会太晚，因为自己已经不够年轻；很多人担心会不会来不及成功，因为付出总想要得到回报。然而，真正阻碍你成功的从来不是年龄和时间，而是你的内心和毅力。有梦的人，还在摇摆的人，不要再纠结于未知和年龄，也不要让惰性磨灭了你的天赋和灵性。真的，余生很贵，请勿浪费。

目录
CONTENTS

第一章 你当像鸟飞往你的山

第二章 世界那么大，我要去看看

第三章 热爱可抵，岁月漫长

第四章 我要快乐，不必正常

第五章 生命就是一场不留余地的绽放

第六章 别让执着，成了余生的蹉跎

第七章 愿后来的时光都与你有关

第一章

你当像鸟飞往你的山

比进入别人的世界更重要的，是打开自己的世界

一位诗人说过："不可能每个人都当船长，必须有人来当水手，问题不在于你干什么，重要的是能够做一个最好的你。"把身边的工作做好，就是成功。

一大早，格尔开着小型运货汽车来了，车后扬起一股尘土。

他卸下工具后就干起活来。格尔会刷油漆，也会修修补补，能干木匠活，也能干电工活，修理管道，整理花园；他会铺路，还会修理电视机，他是个心灵手巧的人。

格尔已经上了年纪，走起路来步子缓慢、沉重，头发理得短短的，裤腿留得很长，他给别人干活。

他的主人有几间草舍，其中有一间，格尔在夏天租用。每年春天格尔把自来水打开，到了冬天再关上。他把洗碗机安置好，把床架安置好，还整修了路边的牲口棚。

格尔摆弄起东西来就像雕刻家那样有权威，那种用自己的双手工作的人才有的权威。木料就是他的大理石，他的手指在上边摸来摸去，摸索什么，别人不太清楚。一位朋友认为这是他自己的问候方式，接近木头就像骑手接近马一样，安抚它，使它平静下来。而且，他的手指能"看到"眼睛看不到的东西。

有一天，格尔在路那头为邻居们盖了一个小垃圾棚。垃圾棚

　　如果你能心无旁骛、专心致志地做好自己的事，做最好的自己，你就
能在不知不觉中超越他人，跨越平庸的鸿沟，脱颖而出。

被隔成 3 间，每间放一个垃圾桶。棚子可以从上边打开，把垃圾袋放进去，也可以从前边打开，把垃圾桶挪出来。小棚子的每个盖子都很好使，门上的合叶也安得严丝合缝。

格尔把垃圾棚漆成绿色，晾干。一位邻居走过去一看，为这竟是一个人做的而不是在什么地方买的而感到惊异。邻居用手抚摩着光滑的油漆，心想，完工了。不料第 2 天，格尔带着一台机器回来了。他把油漆磨毛了，不时地用手摸一摸。他说，他要再涂一层油漆。尽管照别人看来这已经够好了，但这不是格尔干活的方式。经他的手做出来的东西，都看上去不像是自己家做的。

在格尔的天地中，没有什么神秘的东西，因为那都是他在某个时候制作的、修理的，或者拆卸过的。保险盒、牲口棚、村舍全出自格尔的手。

格尔的主人们从事着复杂的商业性工作。他们发行债券，签订合同。格尔不懂如何买卖证券，也不懂怎样办一家公司。但是当做上面提到的那些事时，他们就去找格尔，或找像格尔这样的人。他们明白格尔所做的是实实在在的、很有价值的工作。

当一天结束的时候，格尔收拾工具放进小卡车，然后把车开走了。他留下的是一股尘土，以致还有一个想不通的小伙伴。这个人纳闷，为什么格尔做得这样多，可得到的报酬却这样少。

然而，格尔又回来干活儿了，默默无语，独自一人，没有会议，也没有备忘录，只有自己的想法。他认为该干什么活就干什么活，自己的活自己干，也许这就是对自由的一个很好的定义。

当你足够好，才配得起更好

一位名叫希瓦勒的乡村邮递员，每天徒步奔走在各个村庄之间。有一天，他在崎岖的山路上被一块石头绊倒了。

他发现，绊倒他的那块石头样子十分奇特，他拾起那块石头，左看右看，有些爱不释手了。

于是，他把那块石头放进自己的邮包里。村子里的人们看到他的邮包里除信件之外，还有一块沉重的石头，都感到很奇怪，便好意地对他说："把它扔了吧，你还要走那么多路，这可是一个不小的负担。"

他取出那块石头，炫耀地说："你们看，有谁见过这样美丽的石头？"

人们都笑了："这样的石头山上到处都是，够你捡一辈子。"

回到家里，他突然产生一个念头，如果用这些美丽的石头建造一座城堡，那将是多么美丽啊！

于是，他每天在送信的途中都会找几块好看的石头。不久，他便收集了一大堆，但离建造城堡的数量还远远不够。

于是，他开始推着独轮车送信，只要发现中意的石头，就会装上独轮车。

此后，他再也没有过上一天安闲的日子，白天他是一个邮差

　　很多人抱怨生活中缺少或没有光明，这是因为他们自己缺少或没有希望的缘故。无论在多么艰难的困境中，只要活在希望中，就会看到光明。

余生很贵，请勿浪费

和一个运输石头的苦力，晚上他又是一个建筑师。他按照自己天马行空的想象来构造自己的城堡。

所有的人都感到不可思议，认为他的大脑出了问题。

20多年以后，在他偏僻的住处，出现了许多错落有致的城堡，当地人都知道有这样一个性格偏执、沉默不语的邮差，在干一些如同小孩建筑沙堡的游戏。

1905年，美国波士顿一家报社的记者偶然发现了这群城堡，这里的风景和城堡的建造格局令他慨叹不已，为此写了一篇介绍希瓦勒的文章。文章刊出后，希瓦勒迅速成为新闻人物。许多人都慕名前来参观，连当时最有声望的大师级人物毕加索也专程来参观了他的建筑。

在城堡的石块上，希瓦勒当年刻下的一些话还清晰可见，有一句就刻在入口处的一块石头上："我想知道一块有了愿望的石头能走多远。"

据说，这就是那块当年绊倒希瓦勒的第一块石头。

其实有愿望的不是石头，而是我们的内心有了一股强大的信念，这个信念就是要过自己向往的生活。

许多人之所以不平凡，是因为他们能够清醒地认识到一点：自己想过什么生活，想要什么样的人生。当他们有了自己的梦想以后，任何困难都是微不足道的。

怀有成为珍珠的信念

很久很久以前，有一个养蚌人，他想培养一颗世上最大最美的珍珠。

他去海边沙滩上挑选沙粒，并且一颗一颗地问那些沙粒，愿不愿意变成珍珠。那些沙粒一颗一颗都摇头说不愿意。养蚌人从清晨问到黄昏，他都快要绝望了。

就在这时，有一颗沙粒答应了他。

旁边的沙粒都嘲笑那颗沙粒，说它太傻，去蚌壳里住，远离亲人、朋友，见不到阳光、雨露、明月、清风，甚至还缺少空气，只能与黑暗、潮湿、寒冷、孤寂为伍，不值得。

可那颗沙粒还是无怨无悔地随着养蚌人去了。

斗转星移，几年过去了，那颗沙粒已长成了一颗晶莹剔透、价值连城的珍珠，而曾经嘲笑它傻的那些伙伴们，却依然只是一堆沙粒，有的甚至已风化成土。

也许你只是众多沙粒中最平凡的一颗，但如果你有要成为一颗珍珠的信念，并且忍耐、坚持，当走过黑暗与苦难的长长隧道之后，你或许会惊讶地发现，平凡如沙粒的你，在不知不觉中，已长成了一颗珍珠。每颗珍珠都是由沙子磨砺出来的，能够成为珍珠的沙粒都有着成为珍珠的坚定信念，并无怨无悔。沙粒之所

余生很贵，请勿浪费

以能成为珍珠，只是因为它有成为珍珠的信念。芸芸众生中，我们原本只是一粒粒平凡的沙子，但只要怀有成为珍珠的信念，并为之坚持，你终会长成一颗珍珠的。

永远保留希望，永远相信自己

希望和欲念是生命不竭的原因所在。记住，无论在什么境况下，我们都必须有继续向前行的信心和勇气，生命的动力在于我们满怀希望，不懈追求。

有一个百岁老人，不仅功成名就，子孙满堂，而且身体硬朗，耳聪目明。在他百岁生日的这一天，他的子孙济济一堂，热热闹闹地为他祝寿。

在祝寿中，他的一个孙子问："爷爷，您这一辈子中，在那么多领域做了那么多的成绩，您最得意的是哪一件呢？"

老人想了想说："是我要做的下一件事情。"

另一个孙子问："那么，您最高兴的一天是哪一天呢？"

老人回答："是明天，明天我就要着手新的工作，这对于我来说是最高兴的事。"

这时，老人的一个重孙子，虽然还 30 岁不到，但已是名闻天下的大作家了，站起来问："那么，老爷爷，最令您感到骄傲的子孙是哪一个呢？"说完，他就支起耳朵，等着老人宣布自己的名字。

没想到老人竟说："我对你们每个人都是满意的，但要说最满意的人，现在还没有。"

这个重孙子的脸陡地红了，他心有不甘地问："您这一辈子，没有做成一件感到最得意的事情，没有过一天最高兴的日子，也没有一个令您最满意的子孙，您这 100 年不是白活了吗？"

此言一出，立即遭到了几个叔叔的斥责。老人却不以为然，反而哈哈大笑起来："我的孩子，我来给你说一个故事：一个在沙漠里迷路的人，就剩下半瓶水。整整 5 天，他一直没舍得喝一口，后来，他终于走出大沙漠。现在，我来问你，如果他当天喝完那瓶水的话，他还能走出大沙漠吗？"

老人的子孙们异口同声地回答："不能！"

老人问："为什么呢？"

他的重孙子作家说："因为他会丧失希望和欲念，他的生命很快就会枯竭。"

老人问："你既然明白这个道理，为什么不能明白我刚才的回答呢？希望和欲念，也正是我生命不竭的原因所在呀！"

生命在于永不放弃，我们的事业也如此，有希望在，我们就有了前进的方向，就有了不竭的动力。

你的人生只要对你自己有意义就可以了

人要主宰自己的命运，做自己的主人。

"老师让我去报名参加那个拼写竞赛。" 13岁的安琪一回到家就告诉父母。

"太好了，你已经报名了吗？"

"还没有呢。"

"为什么，宝贝？" 父母奇怪地问。

"我有点害怕，台下可能会有许多人看着。" 安琪很激动，她在家一向是个听父母话的孩子，在学校平时也不爱多说话，但是学习成绩很好。

"我想你还是先报个名吧，你可以很好地锻炼自己的。不过这事儿你还是得自己决定。"

父母离开了安琪的屋子。过了两天之后，学校老师打来电话，让安琪的父母说服安琪去报名参加拼写竞赛。

安琪回到家后，父母又跟她谈了话，父母对她说："首先，我们并不是强迫你一定要报名，这件事还是你来做决定，但是我们可以谈谈关于参加竞赛的利弊。参加竞赛可以锻炼自己的意志，锻炼自己的智力，还能增强自己的信心。比赛赢了更好，没有得名次，也是无关紧要的，我们不在乎。因为你在我们的心目中是

人若失去自己，是一种不幸；人若失去自主，则是人生最大的缺憾。

很有能力的孩子，这点并不需要用竞赛的名次来证明。"

父母又对她说："老师打电话来说，他也很相信你的能力。我们对你的比赛结果都不太关心，关心的只是你是不是想用这一次机会去锻炼自己。"

有这样开明的父母给予鼓励和支持，最后安琪还是报名了。

安琪的父母知道安琪很聪明，只是她太胆小了。她不敢想象如果自己站在台上面对那么多的观众拼写单词会是一种什么样的感觉。她的父母很想让安琪见一见世面，而这就是一个很好的机会。还有，父母想让安琪通过这一机会来证明她自己的能力，也好好地锻炼自己的胆量，发现自己的一些潜力，明白自己只是有些发怵，需要自己的父母给加油，同时，又能够消除得一个名次的压力。

安琪的父母对安琪充满了信心，但他们并不催促安琪，而是让她自己来作这一决定。通过这件事，安琪增强了自己的独立性和勇气，而父母则很满意自己鼓励了安琪，使她没有失去一个锻炼自己的好机会。

要驾驭命运，从近处说，要自主地选择学校，选择书本，选择朋友，选择服饰；从远处看，则要不被种种因素制约，自主地选择自己的事业、爱情和大胆地追求崇高的理想。

你的一切成功、一切造就，完全取决于你自己。

你应该掌握前进的方向，把握住目标，让目标似灯塔般在高远处闪光；你应该独立思考，有自己的主见，懂得自己解决问题。你的品格、你的作为，你所有的一切都是你自己行为的产物，并不能靠其他什么东西来改变。在生活道路上，你必须善于做出抉择，不要总是踩着别人的脚步走，不要总是听凭他人摆布，而要勇敢地驾驭自己的命运，调控自己的情感，做自己的主宰，做命运的主人。

余生很贵，请勿浪费

主宰自己的命运

　　年轻的亚瑟国王被邻国的伏兵抓获。邻国的君主并没有杀他，而是向他提出了一个非常难的问题，并承诺只要亚瑟回答得上来，他就可以给亚瑟自由。亚瑟有一年的时间来思考这个问题，如果一年期满还不能给他答案，亚瑟就会被处死。

　　这个问题是：女人真正想要的是什么？

　　这个问题令许多有学识的人困惑不解，何况年轻的亚瑟。但求生的欲望使亚瑟接受了国王的命题——并要在一年的最后一天给他答案。

　　亚瑟回到自己的国家，开始向每个人征求答案：公主、妓女、牧师、智者、宫廷小丑。他几乎问了所有的人，答案五花八门，有的回答是男人，有的说是孩子，有的说是金钱，还有的说是地位，但没有一个答案可以令他满意。最后，人们建议亚瑟去请教一个女巫，也许她能够知道答案。但是他们警告他，女巫会提出一些稀奇古怪的条件，这些条件往往使人们不敢向她求助。

　　一年的最后一天到了，亚瑟别无选择，只好去找女巫试试看。女巫答应回答他的问题，但他必须首先接受她的交换条件：让她和加温结婚。而加温是最高贵的圆桌武士之一，是亚瑟最亲密的朋友。亚瑟惊骇极了，看看女巫：驼背，丑陋不堪，只有一颗牙齿，身上发出臭水沟般难闻的气味。他从没有见过如此丑陋不堪的怪物。他拒绝了，他不能让他的朋友为了救他而牺牲自己的幸福。

加温知道这个消息后，对亚瑟说："我同意和女巫结婚。对我来说，没有比拯救你的生命更重要的了。"亚瑟感动极了，深情地拥抱了他的朋友。于是亚瑟宣布了婚礼的日期，女巫也回答了亚瑟的问题：女人真正想要的是——可以主宰自己的命运。

人们都明白了女巫说出的是真理，于是邻国的君主如约给了亚瑟永远的自由。

加温的婚礼如约举行，而亚瑟也陷入了深深的痛苦之中。这是怎样的婚礼呀——加温一如既往地温文尔雅，而女巫却在婚礼上表现出非常丑陋的行为：蓬头垢面，用嘶哑的喉咙大声讲话，还用手抓东西吃。她的言行举止让所有的宾客都感到恶心，大家也都深切地同情加温。

新婚之夜对于所有的人都是美妙的，但对加温是异常可怕的，但它终究还是到了。然而，加温走进新房，却被眼前的景象惊呆了：一个他从没见过的美丽少女斜倚在婚床上！加温忽然如入梦境，不知这到底是怎么回事。

少女回答说："我也曾被别人施以魔咒，我自己在一天的时间里一半是丑陋的，另一半是美丽的。你愿意怎样分配这丑陋与美丽呢？"

多么残忍的问题呀！加温开始面对他的两难选择：是在白天向朋友们展示自己的美丽妻子，而在夜晚自己的屋子里，面对一个如幽灵般又老又丑的女巫呢，还是在白天拥有一个丑陋的女巫妻子，但在晚上与一个美丽的女人共度亲密时光呢？出乎意料的是，加温没有做任何选择，只是对他的妻子说："既然女人最想要的是主宰自己的命运，那么就由你自己决定吧！"

少女眼中闪着泪光，动情地说："谢谢你替我解除了诅咒，当有一个男人愿意让我主宰自己命运的时候，诅咒就会自动失效了。那么，我要告诉你，我会选择白天和夜晚都是美丽的女人，因为我爱你。"

如果不能坚持自我，还怎么过好一生

汤姆成长于环境复杂的纽约市劳工区切尔西。时值嬉皮士时代，汤姆身穿大喇叭裤，头顶阿福柔犬蓬蓬头，脸上涂满五颜六色的彩妆，为此，常遭到住家附近各类人士的批评。

有一天晚上，汤姆跟邻居友人约好一起去看电影。时间到了，汤姆身穿扯烂的吊带裤，一件绑染衬衫，头顶阿福柔犬蓬蓬头。当汤姆出现在朋友面前时，朋友看了汤姆一眼，然后说："你应该换一套衣服。"

"为什么？"汤姆很困惑。

"你扮成这个样子，我才不要跟你出门呢。"

汤姆怔住了："要换你换。"于是朋友走了。

当汤姆跟朋友说话时，母亲正好站在一旁。这时，她走向汤姆："你可以去换一套衣服，然后变得跟其他人一样。但你如果不想这么做，而且坚强到可以承受外界的嘲笑，那就坚持你的想法。不过，你必须知道，你会因此引来批评，你的情况会很糟糕，因为与大众不同本来就不容易。"

汤姆受到极大的震撼。因为汤姆明白，当他探索另类的生活方式时，没有人鼓励他，甚至支持他。当他的朋友说"你得去换一套衣服"时，他陷入两难抉择：倘若我今天为你换衣服，日后

余生很贵，请勿浪费

还得为多少人换多少次衣服？母亲看出了汤姆的决心，她看出他在向这类同化压力说"不"，看出他不愿为别人改变自己。

人们总喜欢评判一个人的外形，却不重视其内在。要想成为一个独立的个体，就要能承受这些批评。汤姆的母亲告诉他，拒绝改变并没有错，但她也警告他，拒绝与大众一致是一条艰难且漫长的路。

汤姆一生都始终摆脱不了与大众一致的议题。当汤姆成名后，他也总听到人们说："他在这些场合为什么不穿皮鞋，反而要穿红黄相间的快跑运动鞋？他为什么不穿西装？他为什么跟我们不一样？"到头来，人们之所以受到他的吸引，学他的样子，又恰恰因为他与众不同。

愿你的青春不负梦想

1863年冬天的一个上午，凡尔纳刚吃过早饭，正准备到邮局去，突然听到一阵敲门声。凡尔纳开门一看，原来是一个邮政工人。工人把一包鼓囊囊的邮件递到了凡尔纳的手里。一看到这样的邮件，凡尔纳就预感到不妙。自从他几个月前把他的第一部科幻小说寄到各出版社后，就经常收到这样的邮件。他怀着忐忑不安的心情拆开一看，上面写道："凡尔纳先生：尊稿经我们审读后，不拟刊用，特此奉还。某某出版社。"每次看到退稿信，凡尔纳都是心里一阵绞痛。这已经是第15次了，还是未被采用。

凡尔纳此时已深知，那些出版社的"老爷"们是看不起无名作者的。他愤怒地发誓，从此再也不写了。他拿起手稿向壁炉走去，准备把这些稿子付之一炬。凡尔纳的妻子赶过来，一把抢过手稿紧紧抱在胸前。此时的凡尔纳余怒未息，说什么也要把稿子烧掉。他妻子急中生智，以满怀关切的口气安慰丈夫："亲爱的，不要灰心，再试一次吧，也许这次能交上好运的。"听了这句话以后，凡尔纳抢夺手稿的手慢慢放下了。他沉默了好一会儿，然后接受了妻子的劝告，又抱起这一大包手稿到第16家出版社去碰运气。

这一次没有落空，读完手稿后，这家出版社立即决定出版此书，并与凡尔纳签订了20年的出书合同。

余生很贵，请勿浪费

如果没有他妻子的疏导，没有为梦想持之以恒的勇气，我们也许根本无法读到凡尔纳笔下那些脍炙人口的科幻故事，人类就会失去一笔极其珍贵的精神财富。

　　世界上的事情就是这样，成功需要坚持梦想。这种人常常创造出人间奇迹。弗洛伊德、拿破仑、贝多芬、凡·高，还有《吉尼斯世界大全》一书中所记载的诸多人物，不能不承认，这些大大小小的人物使我们这个世界变得有声有色。他们都明显有一个共同点，即执着。他们执着地将他们热爱的某项事业推向极致，什么也阻止不了他们。

过你想要的生活，就能有美好的体验

艾森豪威尔年轻时经常和家人一起玩纸牌游戏。母亲总告诫他要"打好自己手中的牌"，他对这句话总是不太理解。

一天晚饭后，他像往常一样和家人打牌。这一次，他的运气简直差到了极点，每次得到的都是很差的牌。他开始抱怨，最后，竟发起了少爷脾气。

一旁的母亲看到他这个样子，正色道："既然要打牌，你就必须用自己手中的牌打下去，不管牌是好是坏。谁也不可能永远都有好运气！"

艾森豪威尔对妈妈的这种理论已经厌倦了，刚要争辩，却听到母亲接着说："我们的人生又何尝不像这打牌一样啊！发牌的是上帝。不管你手中的牌是好是坏，你都必须拿着，你都必须面对。你能做的，就是让浮躁的心情平静下来，然后认真对待，把自己的牌打好，力争达到最好的效果。这样打牌，这样对待人生才有意义啊！"

艾森豪威尔此后一直牢记母亲的话，无论遇到什么情况，都会尽全力打好自己手中的牌。就这样，他一步一个脚印地向前迈进，成为中校、盟军统帅，最后登上了美国总统之位。

余生很贵，请勿浪费

第二章

世界那么大，我要去看看

愿你看到的世界，拥有彩虹色

一样的事情，可以选择不同的态度对待。往积极的方面想，并积极做出努力，就一定会看出前方独好的风景。

两个小桶一同被吊在井口上。

其中一个对另一个说："你看起来似乎闷闷不乐，有什么不愉快的事吗？"

另一个回答："我常在想，这真是一场徒劳，没什么意思。常常是这样，装得满满地上去，又空着下来。"

第一个小桶说："我倒不觉得如此。我一直这样想：我们空空地来，装得满满地回去！"

很多事情，站在不同的立场，便有不同的看法，正面的想法带来积极的效果，负面的想法带来消极的效果。乐观的人，在每一个忧患中看到机会；悲观的人，在每一个机会中看到忧患。

普希金说，假如生活欺骗了你，不要忧郁，也不要愤慨。我们的心憧憬着未来，现实总是令人悲哀。一切都是暂时的，转瞬即逝，而那逝去的将变为可爱。

鲁滨孙太太这样描述她曾有过的经历：

美国庆祝陆军在北非获胜的那一天，我接到国防部送来的一封电报，我的侄儿——我最爱的一个人——在战场上失踪了。过

　　客观现实对任何人来说都是一样的。但一经各人"心态"诠释后，便代表了不同的意义，因而形成了不同的事实、环境和世界。心态改变，则事实就会改变；心中是什么，则世界就是什么。心里装着哀愁，眼里看到的就全是黑暗，抛弃已经发生的令人不痛快的事情或经历，才会迎来新心情下的新乐趣。

了不久，又来了一封电报，说他已经死了。

我悲伤得无以复加。在那件事发生以前，我一直觉得生命多么美好，我有一份自己喜欢的工作，并努力带大了这个侄儿。在我看来，他代表了年轻人美好的一切。我觉得我以前的努力，现在都有很好的收获……然而却收到了这些电报，我的整个世界都碎了，我觉得再也没有什么值得我活下去。我开始忽视自己的工作，忽视朋友，我抛开了一切，既冷淡又怨恨。为什么我最疼爱的侄儿会离我而去？为什么一个这么好的孩子——还没有真正开始他的生活——就死在战场上？我没有办法接受这个事实。我悲痛欲绝，决定放弃工作，离开我的家乡，把自己藏在眼泪和悔恨之中。

就在我清理桌子、准备辞职的时候，突然看到一封我已经忘了的信——从我这个已经死了的侄儿那里寄来的信。是几年前我母亲去世的时候，他给我写来的一封信。"当然我们都会想念她的，"那封信上说，"尤其是你。不过我知道你会撑过去的，以你个人对人生的看法，就能让你撑过去。我永远也不会忘记那些你教我的美丽的真理：不论活在哪里，不论我们离得多么远，我永远都会记得你教我的——要微笑，要像一个男子汉一样承受所发生的一切。"

我把那封信读了一遍又一遍，觉得他似乎就在我的身边，正在对我说话。他好像在对我说："你为什么不照你教给我的办法去做呢？撑下去，不论发生什么事情，把你个人的悲伤藏在微笑

余生很贵，请勿浪费

底下，继续过下去。"

于是，我开始重新回去工作。我不再对人冷淡无礼。我一再对自己说："事情到了这个地步，我没有能力去改变它，不过我能够像他所希望的那样继续活下去。"我把所有的思想和精力都在用工作上，我写信给前方的士兵——给别人的儿子们。晚上，我参加成人教育班——要找出新的兴趣，结交新的朋友。朋友们都不敢相信发生在我身上的种种变化。我不再为已经永远过去的那些事悲伤，我现在每天的生活都充满了快乐——就像我佤儿要我做到的那样。

鲁滨孙太太讲完这些话，嘴角泛起一丝笑意。

你知道汽车轮胎为什么能在路上跑那么久，能忍受那么多的颠簸吗？起初，制造轮胎的人想要制造一种轮胎，能够抗拒路上的颠簸，结果轮胎不久就成了碎条。然后他们又做出一种轮胎来，吸收路上新碰到的各种压力，这样的轮胎可以"接受一切"。在曲折的人生旅途上，如果我们也能够承受所有的挫折和颠簸，能够化解与消释所有的困难与不幸，我们就能够活得更加开心，我们的人生之旅就会更加顺畅、更加开阔。

你以为自己想去的远方，其实都是你的前方

只要有信心，你就能移动一座山。只要坚信自己会成功，你就能成功。

宋朝，有一段时期战争频频，大将军李卫带领人马杀赴疆场，不料自己的军队势单力薄，寡不敌众，被困在小山顶上，眼看将被敌军吞没。就在士气大减，甚至将要缴械投降之际，大将军李卫站在大家面前说："士兵们，看样子我们的实力是不如人家了，可我却一直都相信天意，老天让我们赢，我们就一定能赢。我这里有9枚铜钱，向苍天企求保佑我们冲出重围。我把这9枚铜钱撒在地上，如果都是正面，一定是老天保佑我们；如果不全是正面的话，那肯定是老天告诉我们不会冲出去的，我就投降。"

此时，士兵们闭上了眼睛，跪在地上，烧香拜天祈求苍天保佑，这时李卫摇晃着铜钱，一把撒向空中，落在了地上，开始士兵们不敢看，谁会相信9枚铜钱都是正面呢！可突然一声尖叫："快看，都是正面。"大家都睁开了眼睛往地上一看，果真都是正面。士兵们跳了起来，把李卫高高举起喊道："我们一定会赢，老天会保佑我们的！"

李卫拾起铜钱说："那好，既然有苍天的保佑，我们还等什么，我们一定会冲出去的！各位，鼓起勇气，我们冲啊！"

余生很贵，请勿浪费

就这样，一小队人马竟然奇迹般战胜了强大的敌人，突出重围，保住了有生力量。过些时候，将士们谈起了铜钱的事情，还说："如果那天没有上天保佑我们，我们就没有办法出来了！"

　　这时候李卫从口袋掏出了那 9 枚铜钱，大家竟惊奇地发现，这些铜钱的两面都是正面的！

　　虽然只是几枚小小的铜钱，却让这小队人马的命运为此而改变。细细体味故事时，我们能够领悟到，战斗胜利的重要因素之一就是在于：信心。

　　自信比金钱、势力、出身、亲友更有力量，是人们从事任何事业的最可靠的资本。自信能排除各种障碍、克服种种困难，能使事业获得完满的成功。有的人最初对自己有一个恰当的估计，自信能够处处胜利，但是一经挫折，他们又半途而废，这是因为他们自信心不坚定的缘故。所以，树立了自信心，还要使自信心变得坚定，这样即使遇到挫折，也能不屈不挠，向前进，绝不会因为一时的困难而放弃。

　　那些成就伟大事业的卓越人物在开始做事之前，总是会具有充分信任自己能力的坚定的自信心，深信所从事之事业必能成功。这样，在做事时他们就能付出全部的精力，破除一切艰难险阻，直达成功的彼岸。

不是没出路，是你没思路

詹妮芙·帕克是美国鼎鼎有名的女律师。她曾被自己的同行——老资格的律师马格雷愚弄过一次，但是，恰恰是这次愚弄使詹妮芙名扬美国。

使詹妮芙扬名的故事是这样的。

一位名叫康妮的女孩儿被美国"全国汽车公司"制造的一辆卡车撞倒，司机踩了刹车，卡车把康妮卷入车下，导致康妮被迫截去了四肢，骨盆也被碾碎。康妮说不清楚自己是在冰上滑倒跌入车下，还是被卡车卷入车下，马格雷则巧妙地利用了各种证据，推翻了当时几名目击者的证词，康妮因此败诉。

伤心、绝望的康妮向詹妮芙·帕克求援。詹妮芙通过调查掌握了该汽车公司的产品近年来的 15 次车祸——原因完全相同，该汽车的制动系统有问题，急刹车时，车子后部会打转，把受害者卷入车底。

詹妮芙对马格雷说："卡车制动装置有问题，你隐瞒了它。我希望汽车公司拿出 200 万美元来给那位姑娘，否则，我们将会提出控告。"

马格雷回答道："好吧，不过我明天要去伦敦，1 个星期后回来，届时我们研究一下，做出适当安排。"

余生很贵，请勿浪费

一个星期后，马格雷却没有露面。詹妮芙感到自己上当了，但又不知道为什么上当，她的目光扫到了日历上——詹妮芙恍然大悟，诉讼时效已经到期了。

詹妮芙怒气冲冲地给马格雷打了个电话，马格雷在电话中得意扬扬地放声大笑："小姐，诉讼时效今天过期了，谁也不能控告我们了！希望你下一次变得聪明些！"

詹妮芙几乎要被气疯了，她问秘书："准备好这份案卷要多少时间？"

秘书回答："需要三四个小时。现在是下午1点钟，即使我们用最快的速度草拟好文件，再找到一家律师事务所，由他们草拟出一份新文件交到法院，那也来不及了。"

"时间！时间！该死的时间！"詹妮芙急得团团转。突然，一道灵光在她的脑海中闪现——"全国汽车公司"在美国各地都有分公司，为什么不把起诉地点往西移呢？隔1个时区就差1个小时啊！

位于太平洋上的夏威夷在西十区，与纽约时间相差整整5个小时！对，就在夏威夷起诉！

詹妮芙赢得了至关重要的几个小时，她以雄辩的事实、催人泪下的语言，使陪审团的成员们大为感动。

陪审团一致裁决：詹妮芙胜诉，"全国汽车公司"赔偿康妮600万美元损失费！

一个人无法逃脱的，是自己为自己编织的牢笼

记得有位哲人曾说："我们的痛苦不是问题的本身带来的，而是我们对这些问题的看法而产生的。"这句话很经典，它引导我们学会解脱，而解脱的最好方式是面对不同的情况，用不同的思路去多角度地分析问题。因为事物都是多面性的，视角不同，所得的结果就不同。

相信一句话：要解决一切困难是一个美丽的梦想，但任何一个困难都是可以解决的。

一个问题就是一个矛盾的存在，而每一个矛盾只要找到合适的介点，都可以把矛盾的双方统一。这个介点在不停地变幻，它总是在与那些处在痛苦中的人玩游戏。转换看问题的视角，不要用一种方式去看所有的问题和问题的所有方面。如果那样，你肯定会钻进一个死胡同，离问题的解决越来越远，处在混乱的矛盾中而不能自拔。

活着是需要睿智的。如果你不够睿智，那至少可以豁达。以乐观、豁达、体谅的心态看问题，就会看出事物美好的一面；以悲观、狭隘、苛刻的心态去看问题，你会觉得世界一片灰暗。两个被关在同一间牢房里的人，透过铁栏杆看外面的世界，一个看到的是美丽神秘的星空，一个看到的是地上的垃圾和烂泥，这就

余生很贵，请勿浪费

是区别。

　　换个视角看人生，你就会从容坦然地面对生活。当痛苦向你袭来的时候，不要悲观气馁，要寻找痛苦的原因、教训及战胜痛苦的方法，勇敢地面对多舛的人生。

　　换个视角看人生，你就不会为战场失败、商场失手、情场失意而颓废，也不会为名利加身、赞誉四起而得意忘形。

　　换个视角看人生，是一种突破、一种解脱、一种超越、一种高层次的淡泊宁静，从而获得自由自在的乐趣。

　　换一个视角看世界，世界无限宽大；换一种立场对待人事，人事无不畅通。

阳光心态，让你做生活的强者

在对幸福生活的主动追求中，需要你选择乐观，只有乐观的人才能以阳光的心态迎接生活。

琳达是个不同寻常的女孩。她的心情总是非常好，因为她对事物的看法总是正面的。

当有人问她近况如何时，她就会回答："我当然快乐无比。"她是个销售经理，也是个很独特的经理。因为她换过几家公司，而每次离职的时候都会有几个下属跟着她跳槽。她天生就是个鼓动者。如果哪个下属心情不好，琳达会告诉他怎么去看事物的正面。

这种生活态度的确让人称奇。

一天，一个朋友追问琳达说："一个人不可能总是看事情的光明面。这很难办到！你是怎么做到的？"琳达回答道："每天早上我一醒来就对自己说，琳达你今天有两种选择，你可以选择心情愉快，也可以选择心情不好。我选择心情愉快。然后我命令自己要快快乐乐地活着，于是，我真的做到了。每次有坏事发生时，我可以选择成为一个受害者，也可以选择从中学些东西。我选择从中学习。我选择了，我也做到了。每次有人跑到我面前诉苦或抱怨，我可以选择接受他们的抱怨，也可以选择指出事情的正面。

余生很贵，请勿浪费

我选择后者。"

"是！对！可是并不能那么容易做到吧。"朋友立刻回应。

"就是那么容易。"琳达答道，"人生就是选择。每一种处境面临一个选择。你选择如何面对各种处境，你选择别人的态度会影响你的情绪，你选择心情舒畅还是糟糕透顶。归根结底，你自己选择如何面对人生。"

她曾被确诊患上了中期乳腺癌，需要尽快做手术。手术前期，她依然过着正常而有规律的生活。

所不同的是，每天下午3点半的时候她要接受医院规定的检查。对于来检查的医生，她总是微笑接待，让他们感到轻松无比，尽管检查的时候，大多感觉十分不舒服。

直到手术麻醉之前，她仍然对主治医师说："医生，你答应过我，明天傍晚前用你拿手的汉堡换我的插花！别忘了！上次的自制汉堡，味道真好，让人难以忘怀！"医生哭笑不得。手术果然进行得很顺利。两个月后的一天，朋友来探望她，她竟然马上忘记疼痛，要送朋友一件自己刚刚被医院允许做好的插花。等到她出院时，竟然与医科室一半的人都交上了朋友，包括那些病友。因为人们都被她的轻松和坚强所感染和征服。

充满着欢乐与战斗精神的人，永远带着欢乐，欢迎雷霆与阳光。如果一个人，对生活抱一种达观的态度，就不会稍有不如意，就自怨自艾。大部分终日苦恼的人，实际上并不是遭受了多大的不幸，而是自己的内心存在着某种缺陷，对生活的认识存在偏差。

事实上，生活中有很多坚强的人，即使遭受不幸，精神上也会岿然不动。

余生很贵，请勿浪费

能靠汗水解决的，就别用眼泪

1946年的秋天，26岁的汪曾祺从西南联大肄业后，只身来到上海，打算单枪匹马闯天下。在一间简陋的旅馆住下后，他就开始四处找工作。工作显然不好找，他每天胳肢窝里夹本外国小说上街。走累了，他就找条石凳，点燃一支烟，有滋有味地吸着，同时，打开夹了一路的书，细心阅读起来。有时书读得上瘾了，干脆把找工作的事抛到一边，一颗心彻底跳进文字里沐浴。

日子越拖越久，兜里的钱越来越少；能找的熟人都找了，能尝试的路子都尝试过了。终于，有一天下午，一股海涛般的狂躁顷刻间吞噬了他！他一反往日的温文尔雅，像一头暴怒不已的狮子，拼命地吼叫。他摔碎了旅馆里的茶壶、茶杯，烧毁了写了一半的手稿和书，然后给远在北京的沈从文先生写了一封诀别信。信邮走后，他拎着一瓶老酒来到大街上。他边迷迷糊糊地喝酒，边思考着一种最佳的自杀方式。他一口一口对着嘴巴猛灌烧酒，心里涌动着生不逢时的苍凉……晚上，几个相熟的朋友找到他时，他已趴在街侧一隅醉昏了。

还没有从自杀情结中解脱出来的汪曾祺很快就接到了沈从文的回信。沈从文在信中把他臭骂了一顿，沈从文说："为了一时的困难，就这样哭哭啼啼地，甚至想到要自杀，真是没出息！你手里有一支笔，怕什么！"

　　沈从文在信中讲述了他初来北京的遭遇。那时沈从文才刚刚20岁，在北京举目无亲，连标点符号都不会用，就梦想着用一支笔闯天下。只读过小学的沈从文最终成功了，成为国内外享有盛誉的大作家。读着沈从文的信，回味着沈从文的往事和话语，汪曾祺先是如遭棒喝，后来一个人偷偷地乐了。

　　不久，在沈从文的推荐下，《文艺复兴》杂志发表了汪曾祺的两篇小说。后来，汪曾祺进了上海一家民办学校，当上了一名中学教师，再后来，他也和沈从文一样，成了国内外享有盛誉的作家。

余生很贵，请勿浪费

为什么你又忙又累还不开心？因为你不懂生活

村里有一位善骑的、箭法好的猎人。一次，他看到一件有趣的事情。那一天，他偶然发现村里一位十分严肃的老人与一只小鸡在做游戏。猎人好生奇怪，为什么一个生活严谨、不苟言笑的人会在没人时像一个小孩那样快乐呢？

他带着疑问去问老人，老人说："你为什么不把弓带在身边，并且时刻把弦扣上？"猎人说："天天把弦扣上，那么弦就失去弹性了。"老人便说："我和小鸡游戏，理由也是一样的。"

生活也一样，每天总有干不完的事。但是，你有没有仔细想过，如果天天为工作疲于奔命，最终这些让我们焦头烂额的事情也会超过我们所能承受的极限。

尤其是在当今社会，生活节奏不断加快，时间似乎对每个人都不留情面。于是，超负荷的工作便给人造成不可避免的疾患。

因为人们的生活起居没了规律，所以患职业病、情绪不稳、心理失衡甚至猝死等一系列情况时有发生，给人们的生活、工作及心理造成无形的压力。

据有关统计，在美国，有一半成年人的死因与压力有关；企业每年因压力遭受的损失达 1500 亿美元——员工缺勤及工作心不在焉而导致效率低下。在挪威，每年用于职业病治疗的费用达

　　生活要劳逸结合。游历名山大川并不是每个人都能办到的，但给自己
一个空间，学会忙里偷闲，作片刻休息，则人人都能做到。

余生很贵，请勿浪费

国民生产总值的 10%。在英国，每年由于压力造成 1.8 亿个劳动日的损失，企业中 60% 的缺勤是由于压力产生的不适引起的。

我们需要换一种心情，轻松一下，学会放下工作，试着做一些运动，以偷得片刻休闲，消去心中烦闷。有一位网球运动员，每次比赛前别人都会好好睡一觉，然后去练球，他却一个人去打篮球。有人问他，为什么你不练网球，他说："打篮球我没有丝毫压力，觉得十分愉快。"对于他来说，换一种心态，换一种运动方式，就是最好的休闲。

千万别说自己没时间，我们都有时间，并且可以试着改变自己。当你下班赶着回家做家务时，不妨提前一站下车，花半小时，慢慢步行，到公园里走走。或者什么都不做，什么也不想，就是看看身边的景色，放松一下自己的心情，肯定会有意想不到的效果。

活得饱满又快乐，并不只是因为拥有

有个人在沙漠中穿行，遇到风沙暴，迷失了方向。

两天后，烈火般的干渴几乎摧毁了他生存的意志。沙漠就像一座极大的火炉要蒸干他的血液。绝望中的他却意外地发现了一幢废弃的小屋，他拼尽了最后的气力，才拖着疲惫不堪的身子，爬进堆满枯木的小屋。定睛一看，枯木中隐藏着一架抽水机，他立刻兴奋起来，拨开枯木，上前汲水，但折腾了好一阵，也没能抽出半滴水来。

绝望再一次袭上心头，他颓然坐地，却看见抽水机旁有个小瓶子，瓶口用软木塞堵着，瓶上贴了一张泛黄的纸条，上边写着：你必须用水灌入抽水机才能引水！不要忘了，在你离开前，请将瓶子里的水装满！

他拔开瓶塞，望着满瓶救命的水，早已干渴的内心立刻爆发了一场生死决战：我只要将瓶里的水喝掉，虽然能不能活着走出沙漠还很难说，但起码能活着走出这间屋子！倘若把瓶中唯一救命的水倒入抽水机内，或许能得到更多的水，但万一汲不上水，我恐怕连这间小屋也走不出去了……

最后，他把整瓶水全部灌入那架破旧不堪的抽水机，接着用颤抖的双手开始汲水……水真的涌了出来！他痛痛快快地喝了一

余生很贵，请勿浪费

顿，然后把瓶子装满，用软木塞封好，又在那泛黄的纸条上写上：相信我，真的有用。

几天后，他终于穿过沙漠，来到绿洲。每当回忆起这段生死历程，他总要告诫后人：在取得之前，要先学会付出。

在人生中，在通往成功和财富的路上，我们往往并不是缺少获得扶持的机遇，而是没有好好把握机遇。正如上边那个故事中的人，如果喝光了瓶中的水，他永远也看不到抽水机里奔涌出来的水，究竟黄纸条上说的是真还是假，恐怕他到死也无法断定。

这个道理或许听来很平常，但真要"学会付出"，恐怕也不是每个人都能做到的。让高尚的品德和人生的智慧迸射出来吧，"先学会付出"，让成功从这里开始！

做精神上的强者，坚韧不拔

岩石长年累月地经受风侵雨蚀，裂开了一道缝。

一粒草的种子落到岩缝里来。

岩石说："孩子，你怎么到这儿来了？我太贫瘠了，养不活你啊！"

种子说："老妈妈，别担心，我会长得很好的。"

经过阵阵春雨的滋润，种子从岩缝里冒出了嫩芽。

阳光爱抚地照耀着它，春风柔和地轻拂着它，雨露更不断地给这不平凡的幼芽以最慈爱的关怀和哺育。

小草渐渐长大了，长得很健康、很结实。

岩石高兴地说："孩子，你真不错！你是倔强的，是值得我们骄傲的！"它用自己风化了的尘泥，把小草的根拥抱得更紧。

一个诗人走过，看见了从岩缝里长出来的小草，不禁欣喜地吟咏道："啊！小草的生命多么顽强，我要千百遍地赞美它。"

小草谦逊地说："值得赞美的不是我，而是阳光和雨露，还有紧抱着我的根的岩石妈妈。"

小草生活在岩缝里，生长很艰难，可是它却没有抱怨命运的不公，而是依靠自己的力量顽强地生长着。

为了掌握自己的命运，我们就要做精神上的强者，做坚韧不

  余生很贵，请勿浪费

拔、威武不屈的人。人的精神力量是无穷无尽的。世间不存在人无法克服的艰难困苦。人对于这些艰难困苦不应默默地承受，而要去克服它们，使自己变得更加坚强。当你感到困难无法克服，头脑中出现退却的念头，想走捷径的时候，你可别怜悯自己。怜悯自己是意志薄弱的表现，它能使强者变成弱者。而做一个弱者，其命运是不能令人羡慕的。弱者的乐趣既渺小又贫乏，他不懂得生活的真正幸福，理想对于他来说是不可思议的，也是无法达到的，因为懦弱会发展成为自私和胆小。你越觉得自己是强人，你心中藏着"努力奋进"的动力就越强大。要是你让你身上那种怜悯自己的感情滋长的话，那么你心中渴望进取的动力就会永远保持沉默。对于无病呻吟和灰心丧气，对于软弱和绝望，你要毫不妥协，毫不留情。

不要为了避免结束，拒绝所有的开始

人要主宰自己，做自己的主人。沮丧的面容、苦闷的表情、恐惧的思想和焦虑的态度是缺乏自制力的表现，是你弱点的表现，是不能控制环境的表现。它们是你的敌人，要把它们抛到九霄云外。

有一个富翁，在一次大生意中亏光了所有的钱，并且欠下了债，他卖掉房子、汽车，还清了债务。

他孤独一人，无儿无女，穷困潦倒，唯有一条心爱的猎狗和一本书与他相依为命，相依相随。在一个大雪纷飞的夜晚，他来到一个荒僻的村庄，找到一个避风的茅棚。他看到里面有一盏油灯，于是用身上仅存的一根火柴点燃了油灯，拿出书来准备读书。

一阵风忽然把灯吹灭了，四周立刻漆黑一片。这位孤独的老人陷入了黑暗之中，对人生感到深深的绝望，他甚至想到了结束自己的生命。但是，站在身边的猎狗给了他一丝慰藉，他无奈地叹了一口气沉沉睡去。

第二天醒来，他忽然发现心爱的猎狗也被人杀死在门外。抚摸着这只相依为命的猎狗，他突然决定要结束自己的生命，世间再没有什么值得留恋的了。

于是，他最后扫视了一眼周围的一切。这时，他不由得发现

整个村庄都陷入一片可怕的寂静之中。他急步向前，啊，太可怕了，尸体，到处是尸体，一片狼藉。显然，这个村庄昨夜遭到了匪徒的洗劫，连一个活口也没留下来。

看到这可怕的场面，老人不由心念急转，啊！我是这里唯一幸存的人，我一定要坚强地活下去。

不管过去的一切多么痛苦、多么不幸，都要把它们抛到九霄云外。不要让担忧、恐惧、焦虑和遗憾消耗你的精力。把你的精力投入到未来的创造中去吧。请记住：生命在，希望就在！

此时，一轮红日冉冉升起，照得四周一片光亮，老人欣慰地想：我是这个世界上唯一的幸存者，我没有理由不珍惜自己。虽然我失去了心爱的猎狗，但是，我得到了生命，这才是人生最宝贵的。

老人怀着坚定的信念，迎着灿烂的太阳又出发了。

人生总有得意和失意的时候，一时的得意并不代表永久的得意；然而，在一时失意的情况下，如果你不能把心态调整过来，就很难再有得意之时。

故事中的老人，在失意甚至绝望的状态下，重新寻回了希望，赶走了悲伤。这不能不说是他人生中的又一大转折。

联想到我们日常的生活和学习，如果遇到失意或悲伤的事情时，我们一样要学会调整自己的心态。

如果你的演讲、你的考试和你的愿望没有获得成功；如果你曾经尴尬；如果你曾经失足；如果你被训斥和谩骂，请不要耿耿于怀。对这些事念念不忘，不但于事无补，还会占据你的快乐时光。抛弃它们吧！走出阴影，沐浴在明媚的阳光中，把它们彻底赶出你的心灵。如果你曾经因为鲁莽而犯过错误；如果你被人咒骂；如果你的声誉遭到了毁坏，不要以为你永远得不到清白，勇敢地走出失败的阴影吧！

让那担忧和焦虑、沉重和自私远离你；更要避免与愚蠢、虚假、错误、虚荣和肤浅为伍；还要勇敢地抵制使你失败的恶习和使你堕落的念头，你会惊奇地发现，你人生的旅途是多么的轻松、自由，你是多么自信！

第三章

热爱可抵，岁月漫长

热爱生命，才是人生的终极意义

有个老人一生十分坎坷，年轻时由于战乱几乎失去了所有的亲人，一条腿也在一次空袭中被炸断；中年时，妻子因病去世了；不久，和他相依为命的儿子在一次车祸中丧生。

可是，在别人的印象之中，老人一直爽朗而又随和。有一次某个人终于冒昧地问他："您经受了那么多苦难和不幸，可是为什么看不出一点伤感？"

老人默默地看了此人很久，然后，将一片树叶举到那个人的眼前。

"你瞧，它像什么？"

那是一片黄中透绿的叶子。那个人想，这是白杨树叶，可是，它到底像什么呢？

"你能说它不像一颗心吗？或者说就是一颗心？"

那个人仔细一看，还真的十分像心脏的形状，心不禁轻轻一颤。

"再看看它上面都有些什么？"

老人将树叶向那个人凑去。那个人清楚地看到，那上面有许多大小不等的孔。

老人收回树叶，放到了掌中，用厚重的声音缓缓地说："它

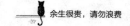

在春风中绽出，阳光中长大。从冰雪消融到寒冷的深秋，它走过了自己的一生。这期间，它经受了虫咬石击，以致千疮百孔，可是它并没有凋零。它之所以得以享尽天年，完全是因为它热爱阳光、泥土、雨露，它热爱自己的生命！相比之下，那些打击又算得了什么呢？”

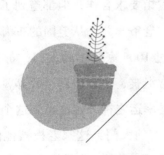

你想做的事，从来都不晚

在前进的道路上，如果我们因为一时的困难就将梦想搁浅，那只能收获失败，永远不能品尝到成功这杯芬芳美酒的味道。

"肯德基"创始人，美军退役上校桑德斯的创业史是对永不放弃的最佳诠释。桑德斯从军队退役时，妻子带着幼小的女儿离他而去。家里只有他一个人，这使得他时常觉得时间的漫长与人生的寂寞。他总想做点事情。但戎马生涯大半生，除了操枪弄炮，实在没有什么别的特长。

年过花甲的他想到了自己曾经试验出的炸鸡秘方，马上行动，于是他便找了几家餐馆要求合作，但都遭到了拒绝。于是，他开着自己那辆破旧的"老爷车"，从美国的东海岸到西海岸，历时两年多时间，推开过 1008 家餐馆的大门，都没有成功。年老的桑德斯为此感到非常沮丧，也曾想到过放弃，但很快他就会说服自己再试一次，于是幸运之神开始注意到这个坚韧的人。当他试着推开第 1009 家餐馆的大门，这家老板被他的精神打动，买下了炸鸡的秘方。桑德斯以秘方作为投资，得到了这家餐馆的股份。由于经营得法，从此，"肯德基"炸鸡遍布美国，遍布世界。

成功的路上总是荆棘与鲜花交相辉映，我们在为理想奋斗的时候难免会遇到一些阻碍、挫折，但我们不能因此就放弃奋斗。

在困境中，我们或许可以学一下丘吉尔的人生秘诀。

丘吉尔下台之后，有一回应邀在牛津大学的毕业典礼上演讲。那天他坐在主席台上，打扮一如平常，还是一顶高帽，手持雪茄。

经过主持人隆重冗长的介绍之后，丘吉尔走上讲台，注视观众，沉默片刻。然后他用那种特别的丘吉尔式的眼神凝视着观众，足足有 30 秒之久。终于他开口说话了，他说的第一句话是："永不放弃。"然后又凝视观众足足 30 秒。他说的第二句话是："永远，永远，不要放弃！"接着又是长长的沉默。然后他说的第三句话是："永远，永远，永远，不要放弃！"他又注视观众片刻，然后迅速离开讲台。当台下数千名观众明白过来的时候，立即响起了雷鸣般的掌声。

坚持，就是在犹豫的时刻决定继续往前走

旱季来了，河床就要干涸了，曾经湍急的河流已经变成了一个个小水洼，烈日下，龟裂的河床在急速扩展，远处，却隐隐传来了大江的涛声，鱼儿们从一个水洼跳到另一个水洼，奔涛声而去。

"还有多远呢？"一个不大的水洼里，一条大鱼喘着粗气，问躺着歇息的一尾小鱼。

"远着呢！别费劲了，到不了大江的。"小鱼悠然地在水洼里游了一圈说，"做什么大江的梦啊，现实点，就在这儿待着吧！"

"可用不了多久，这水洼里的水就会干的。"

"那又怎样？长路漫漫，你又能走多远？离大江五十步和离大江一百步有什么区别？结局都是一样的，要看结局，懂吗？"

"即便真的到不了大江，只要我已经尽力了，也不后悔。"

"你已经遍体鳞伤了，老兄！"小鱼自如地扭动着自己保养得很好的身体，嘲弄着在小水洼里已经转不开身的大鱼："像你这样笨重的身体，不老老实实在原处待着，还奔什么大江啊？你以为自己还年轻啊？就算真的有鱼能到达大江，也不可能是你！"

小鱼戳到了大鱼的痛处，它望着小鱼说："真的很羡慕你们有如此娇小的身材，在越来越浅的水洼里，只有你们才能自如地

余生很贵，请勿浪费

呼吸，可是，再苦再难，我们大鱼也得朝前奔啊，我们也得把握自己的命运。"大鱼说完，一个纵身，跳入了下一个水洼，它听见了小鱼的嘲笑声。它知道，自己的动作很笨拙，它看见自己的鱼鳞又脱落了几片，而肚皮已渗出斑斑血迹，但它对自己说："此时此刻，除了向前，已别无选择。"

水洼的面积越来越小，大鱼知道，前面的路将越发艰难，它已很难再喝到水了，偶尔滋润干唇的是自己的泪。沿途，它看见大片大片的鱼变成了鱼干，其中，有许多是比它灵活得多的小鱼。

每一个水洼里都躺着懒得再动的伙伴，它们大口大口地喘着粗气，对大鱼说："别跳了，省点力气吧！没用的。"而大鱼却分明听见了越来越近的涛声。"坚持，"它对自己说，"唯有坚持，才有希望。"

不知跳了多久，大鱼终于看见了大江的波涛，可是，它的体力已经在长途跋涉中消耗殆尽，通向大江的路上，最后的一个水洼也干涸了，虽然，只有一步之遥，可大鱼想，它是到不了大江了。就在这时，它听见了水声，接着，便看见一股小小的水流缓缓流来，这是行将干涸的河床在这个夏季最后的一股水流吧！大鱼抓住了这个机会，在水流的帮助下，一鼓作气奔向大江。而那些留在水洼里的鱼儿，却只是让这股水流稍稍往前带出了一小步而已，大江离它们依旧遥不可及。而干旱却以无法阻挡的步伐占领了这片土地。

在这个世界上，只有强者才能掌握自己的命运，就像故事中

的大鱼一样，以一种永不屈服的斗志、昂扬的精神和毅力，克服
了种种困难，奔入大海，拥有自由，延展生命。

余生很贵，请勿浪费

你可以不够美，但不能不珍贵

敬明小学 6 年级的时候，考试得了第 1 名，老师奖励给他一本世界地图。

敬明很高兴，跑回家就开始看这本世界地图。那天正好轮到他为家人烧洗澡水。敬明就一边烧水，一边在灶边看地图，看到一张埃及地图，他想："长大以后如果有机会我一定要去埃及。去看神秘的金字塔，还有尼罗河，还有许许多多美妙的东西。"

敬明正看得入神的时候，爸爸怒气冲冲地从浴室冲出来，用很大的声音对他说："你在干什么？"

敬明赶紧说："我在看地图。"

爸爸大吼着说："火都熄了，看什么地图？"

敬明说："我在看埃及的地图。"

爸爸就跑过来"啪、啪"给他两个耳光，然后说："赶快生火！看什么埃及地图？"打完后，又踢了敬明屁股一脚，用很严肃的表情跟他讲："我给你保证！你这辈子不可能到那么遥远的地方！赶快生火！"

当时敬明看着爸爸，呆住了，心想："爸爸怎么给我这么奇怪的保证？难道我真的不会到埃及吗？"

20 年后，敬明第一次出国就去埃及，他的朋友都问他："到埃及干什么？"

敬明说："为了使我的命运不被爸爸保证。"

敬明一到埃及，做的第一件事便是写信给爸爸。坐在金字塔前面的台阶上，他写道："爸爸：我现在在埃及的金字塔前面给你写信。记得小时候，你打我两个耳光，踢我一脚，保证我不可能到这么远的地方来，现在我就坐在这里给你写信。"写的时候，敬明感触非常深……

余生很贵，请勿浪费

不努力，谁也给不了你想要的生活

美国《商业周刊》的记者采访某著名企业家："你成功的首要秘诀是什么？"

"比别人更努力！"

"其次呢？"

"比别人更努力！"

"最后呢？"

"比别人更努力！"

努力是成功的捷径之一，而且是成功必须付出的代价。要想成功，要想做得更好、更出色，那么你就必须比别人付出更多，更努力，否则，成功不一定属于你。

有些人总是很羡慕他人突然像彗星一样闪亮，却忽视了他人在发光之前所下的功夫、所忍受的寂寞、所经历的苦难。这些人之所以能跑得快一些，是因为他们所付出的努力比别人更多。

别在应该受打击的时候追求安慰

给自己一个悬崖，其实就是给自己一片蔚蓝的天空。

有一个老人在山里打柴时，拾到一只样子怪怪的鸟，那只怪鸟和出生刚满月的小鸡一样大小，也许因为它实在太小了，还不会飞，老人就把这只怪鸟带回家给小孙子玩耍。老人的孙子很调皮，他将怪鸟放在小鸡群里，充当母鸡的孩子，让母鸡养育。母鸡没有发现这个异类，全权负起一个母亲的责任。怪鸟一天天长大了，后来人们发现那只怪鸟竟是一只鹰，人们担心鹰再长大一些会吃鸡。为了保护鸡，人们一致强烈要求：要么杀了那只鹰，要么将它放生，让它永远也别回来。因为和鹰相处的时间长了，有了感情，这一家人自然舍不得杀它，他们决定将鹰放生，让它回归大自然。然而他们用了许多办法都无法让鹰重返大自然。他们把鹰带到很远的地方放生，过不了几天那只鹰又回来了，他们驱赶它，不让它进家门，他们甚至将它打得遍体鳞伤……许多办法试过了都不奏效。最后他们终于明白，原来鹰是眷恋它从小长大的家园，舍不得那个温暖舒适的窝。

后来村里的一位老人说："把鹰交给我吧，我会让它重返蓝天，永远不再回来。"老人将鹰带到附近一个最陡峭的悬崖绝壁旁，然后将鹰狠狠向悬崖下的深涧扔去。那只鹰开始时如石头般向下坠去，然而快要到涧底时它终于展开双翅托住了身体，开始缓缓滑翔，然后轻轻拍了拍翅膀，飞向蔚蓝的天空，它越飞越自由舒展，越飞动作越漂亮。它越飞越高，越飞越远，渐渐变成了一个小黑点，飞出了人们的视野，永远地飞走了，再也没有回来。

其实我们每个人又何尝不像那只鹰一样，总是对现有的东西不忍放弃，对舒适安稳的生活恋恋不舍。

人在面对压力时会激发出巨大的潜能，因此，我们不必因惧怕逆境和挫折而去当温室里的花朵。温室里的花朵固然可以安全舒适地生活，但人生不可能一帆风顺，一旦逆境来临，首先被摧毁的就是失去意志力和行动能力的温室花朵，经常接受磨炼的人却能创造出崭新的天地，这就是所谓的"置之死地而后生"。

一个人要想让自己的人生有所转机，就必须懂得在关键时刻把自己带到人生的悬崖。给自己一个悬崖，其实就是给自己一片蔚蓝的天空。

遇见更广阔的自己

在生活中，我们每个人都拥有优于其他人的潜能，但是，许多人终其一生都没将潜能发挥出来，平庸度日。

要想成功，一个人必须挖掘出自己的潜能。

在遥远的国度里，住着一窝奇特的蚂蚁，它们有预知风雨的能力。最近蚂蚁们清楚地知道，有一场巨大的暴风雨正逐渐逼近，整窝蚂蚁全部动员，往高处搬家。

这窝蚂蚁之所以奇特，不在于它们预知气候的能力，许多其他动物也具备这样的天赋。它们的特别之处是窝里的每只蚂蚁都只有 5 只脚，并不像一般蚂蚁长有 6 只脚。

由于它们只有 5 只脚，行动也就没有一般蚂蚁快捷，整个搬家的队伍缓慢前进。虽然面对暴风雨来袭的沉重压力，每只蚂蚁心中都焦急不堪，但行动却半点也快不了。

在漫长的搬家队伍中，有一只蚂蚁与众不同，它的行动快速，不停地往返于高地与蚁窝之间，来回一趟又一趟，仿佛不知劳累，辛苦地尽力抢搬蚁窝中的东西。

这只勤快的蚂蚁引起了五脚蚂蚁群的注意，它们仔细观察它的动作，终于找出这只蚂蚁动作如此敏捷的关键，它有 6 只脚。

五脚蚂蚁的搬家队伍整体暂停下来，它们聚在一起，窃窃私

语，讨论这只与它们长得不同，行动快过它们数倍的六脚蚂蚁。

经过冗长的讨论后，五脚蚂蚁们终于达成共识。它们扑上前去，抓住那只六脚蚂蚁，一阵撕咬过后，将它那多出来的一只脚撕扯了下来。

行动迅速的那只蚂蚁被撕扯掉一只脚，也变成了平凡的五脚蚂蚁，在搬家的队伍中，迟缓地跟随大家移动。

五脚蚂蚁们很高兴它们能除去一个异类，增加一个同伴，这时暴风雨的雷声，已在不远处隆隆地响起。常常在我们接触到一个新的机会、有了一个好的创意，或是工作取得特别进步时，五脚蚂蚁群出现了。他们会告诉你，你得到的机会是陷阱、你的好创意是行不通的，或是提醒你，工作勤奋不一定会有好的报偿。而这些无非是想撕扯掉你突然间多出来的一只脚。

尤其是当你正确地运用出你的潜能时，周围类似五脚蚂蚁般的消极意识更会增加，各式各样不可能的思想蜂拥而至，企图要你放弃他们所不懂的潜能，让你成为平庸的人。

在这个时候，你一定要把握住自己，用你的独立思想，来保护自己多出来的那只"脚"。

你有多自律，就有多自由

凯恩斯11岁的时候，举家前往新罕布什尔湖的岛上别墅度假。那里四面湖水环绕，景色非常美，是绝佳的钓鱼胜地。

在那里，只有在鲈鱼节的时候才允许钓鲈鱼。但他和父亲决定提前过过钓鱼瘾。于是，他们扛着钓竿，在鲈鱼节到来前的午夜来到了湖边。他们坐下后，只见明月当空，波光粼粼，一片银色世界。突然间有什么东西沉甸甸地拽着渔竿的那头。父亲吩咐他沉住气并赞赏地看着他慢慢地把钓线拉回来，那条用尽了力气的鱼被凯恩斯小心地拖出水面——那是他们见过的最大的一条鲈鱼！

父亲擦着了火柴，他看着表说："10点，再过2小时鲈鱼节才开始。"他看了看鱼，又看看凯恩斯，"放回去，孩子！"

"爸爸……"刚开始凯恩斯不理解，接着大声地哭起来。

"这里还有别的鱼嘛……"

"但是没有它那么大。"他继续哭，和父亲争执起来。

月光晶莹，万籁俱寂，四周再也没有人和船了，似乎还有一丝希望。

凯恩斯不哭了，恳求地看着父亲。

凯恩斯怯生生地求父亲："爸爸，这里没有别人，没有人会看到的。"

"可是我们心里有眼睛。"父亲坚定地说。

之后是父亲的沉默，他已经很明白地表示，这个决定是不能改变的。没办法，凯恩斯只好从鲈鱼的嘴上摘下钓钩，慢慢把它放回寂静的湖水里，"�'"的一声，鱼就消失在水中了。凯恩斯感到很失望，因为他很可能再也无法钓到这么大的一条鲈鱼了。

那是23年前的事了，现在凯恩斯已经成为纽约市一名小有成就的建筑师。

的确，这些年来，他再也没有钓到过23年前那么大的鲈鱼。他日后提起那段往事，说："那次父亲让我放走的只不过是一条鱼，但是我从此学会了自律。那晚，在父亲的告诫下，我走上了光明磊落的道路。有了这个开始，在人生的道路上，我处处严于律己。我在建筑设计上从不投机取巧，在同行中颇有口碑；就连亲朋好友把股市内部消息透露给我，胜算有十成的时候，我也会婉言谢绝。诚实是我生活的信条，也是教育孩子的准则。"

"我们心里有眼睛"，这句智慧的话语一直温暖地留在凯恩斯的心里。

越迷惘越要唤醒自己，别忘了你有多了不起

每个人都希望，也都需要得到别人的鼓励。日本有句格言："如果给猪戴高帽，猪也会爬树。"这句话听起来似乎不雅，但说明了这样的一个道理：当一个人的才能得到他人的认可、赞扬和鼓励的时候，他就会产生发挥更大才能的欲望和力量。

但是，光靠别人的赞扬还不够——因为生活不光是赞扬，你碰到更多的可能是责难、讥讽、嘲笑。所以，你一定要学会从自我激励中激发自信心，学会自己给自己加油。

刘讯参加工作后，他爱上了"小发明"，一下班，常常一头钻进自己的房间，看呀，写呀，试验呀，常常连饭也忘了吃。为此，全家人都对他有看法。妈妈整天絮絮叨叨地骂他"是个油瓶倒了都不扶的懒鬼""将来连个媳妇都找不上"；他大哥一看到他写写画画，摆弄这摆弄那就来气，甚至拍着胸脯发誓："这辈子，你要能搞出一个发明来，我头朝下走路……"

值得赞叹的是，刘讯在这种难堪的境遇中，始终不泄气、不自卑，而且经常自我鼓励。厂报上每登出有关他的"革新成果"，哪怕只有一个"豆腐块""火柴盒"那么大，他都要高兴地细细品味，然后把这些介绍精心地剪贴起来，一有空闲就翻出来自我欣赏一番。每当这时，他就特别有成就感，也就对自己更有信心。

在自己给自己的掌声中，刘讯通过实验搞成功的"小发明"慢慢多起来，"级别"也慢慢高起来了。几年后，他的"小发明"竟然在世界上获得了大奖。

给自己加油的做法，促成了刘讯的成功。

美国的一位心理学家说过："不会赞美自己，人就激发不起向上的愿望。"是的，别小看这种"自我赞美"，它往往能给你带来欢乐和信心；信心增强了，又会鼓励你获得更大的成功，自信心也就会再度增强。试想，当初刘讯要是不会"给自己鼓掌"，一听到"你要是……我就……"之类的讥笑，就垂头丧气，就看不到灿烂的前景，哪里还会有今天的成功呢？

　　唐代诗人李白在《将进酒》中写道："天生我才必有用，千金散尽还复来。"字字展示着无比的自信。坚信自己的价值，学会为自己加油，学会为自己喝彩，才会拥有一个精彩而有意义的人生。

余生很贵，请勿浪费

只会说诗和远方，就是苟且

每个人都有一大堆的愿望，但他们却很难踏上实现的征程，影响他们作出选择的因素很简单，那就是勇气。他们因为恐惧而害怕选择自己认为不可能的愿望，因此也错过了成功的机会。

1865 年，美国南北战争结束了。一名记者去采访林肯，他们有过这么一段对话：

记者：据我所知，上两届总统都曾想过废除农奴制，《解放黑人奴隶宣言》也早在他们那个时期就已草就，可是他们都没拿起笔签署它。请问总统先生，他们是不是想把这一伟业留下来，让您去成就英名？

林肯：可能有这个意思吧。不过，如果他们知道拿起笔需要的仅是一点勇气，我想他们一定非常懊丧。

记者还没来得及问下去，林肯的马车就出发了，因此，他一直都没弄明白林肯的这句话到底是什么意思。

直到 1914 年，林肯去世 50 年了，记者才在林肯致朋友的一封信中找到答案。在信里，林肯谈到幼年的一段经历：

"我父亲在西雅图有一处农场，农场里有许多石头。正因如此，父亲才得以用较低价格买下它。有一天，母亲建议把里面的石头搬走。父亲说，如果可以搬走的话，主人就不会卖给我们了，它们是一座座小山头，都与大山连着。

　　"有一年，父亲去城里买马，母亲带我们到农场劳动。母亲说，让我们把这些碍事的东西搬走，好吗？于是我们开始挖那一块块石头。不长时间，就把它们弄走了，因为它们并不是父亲想象的山头，而是一块块孤零零的石块，只要往下挖一英尺，就可以把它们晃动。"

　　林肯在信的末尾说，有些事情人们之所以不去做，只是他们认为不可能。而许多不可能，只存在于人们的想象之中。

　　那些成功的人们，如果当初都在一个个"不可能"的面前因恐惧失败而退却，而放弃尝试的机会，则不可能有所谓成功的降临，他们也将平凡。没有勇敢的尝试，就无从得知事物的深刻内涵，而勇敢作出决断了，即使失败，也会获得宝贵的体验，从而在命运的挣扎中，愈发坚强，愈发有力，愈接近成功。

第四章

我要快乐，不必正常

哪怕一地鸡毛，也要丢掉烦恼

心理学家带领他的学生来到一间黑暗的屋子。在他的指引下，他的学生们轻松地穿过了这间伸手不见五指的神秘房间。

接着，心理学家打开房间里的一盏灯，在这昏黄如豆的灯光下，学生们才看清楚房间的布置，不禁吓出了一身冷汗。原来，这间房子里是一个很深很大的水池，池子里有几条张着血盆大口的鳄鱼在向上张望。就在这池子的上方，搭着一座很窄的木桥，他们刚才就是从这座木桥上走过来的。

心理学家看着他们，问："现在你们还愿意再次走过这座桥吗？"大家你看看我、我看看你，一时间冷了场。谁也不愿意拿自己的性命开玩笑。

这时，心理学家又打开了房内另外几盏灯，灯光又亮了许多。学生们揉揉眼睛再仔细看，才发现小木桥的下方装着一道安全网，只是因为网线的颜色极暗，他们刚才都没有看出来。心理学家大声地问："你们当中还有谁愿意现在就通过这座小桥？"

过了片刻，有3个学生犹犹豫豫地站了出来。其中一个学生一上去，就异常小心地挪动着双脚，速度比第1次慢了好多；另一个学生战战兢兢地踩在小木桥上，身子不由自主地颤抖着，才走到一半，就挺不住了；第3个学生干脆弯下身来，慢慢地趴在小桥上爬了过去。

　　心理学家问他的学生们："有了安全网的保护，你们怎么还会这么害怕呢？"学生们心有余悸地反问："这张安全网的质量可靠吗？"

　　心理学家把所有的灯都打开了，强烈的灯光一下把整个房间照耀得如同白昼。学生们这才看清，原来池中的鳄鱼是逼真的橡胶模型，而非真正的鳄鱼，他们的脸上重新露出了轻松的笑容。心理学家又问："这次谁敢走过这座桥？"这一次，所有的人都将手举了起来，无一例外。

琐碎的愉快有时胜过深长的道理

跳舞的时候便跳舞，睡觉的时候就睡觉。即使一个人在幽美的花园中散步，倘若思绪一时转到与散步无关的事物上去，也要很快将思绪收回，想想花园，寻味独处的愉悦，思量一下自己。天性促使我们为保证自身需要而进行活动，这种活动也就给我们带来愉快。慈母般的天性是顾及这一点的，它推动我们去满足理性与欲望的需要，打破它的规矩就违背了情理。

我们知道恺撒与亚历山大就是在最繁忙的时候，仍然充分享受自然的，也就是必需的、正当的生活乐趣。这不是要使精神松懈，而是使之增强，因为要让激烈的活动、艰苦的思索服从于日常生活习惯，是需要有极大的勇气的。他们认为，享受生活乐趣是自己正常的活动，而战事才是非常的活动。他们持这种看法是明智的，而我们倒是些愚蠢的人。我们说："他一辈子一事无成。"或者说："我今天什么事也没有做……"怎么！你不是生活过来了吗？这不仅是最基本的活动，而且也是我们诸种活动中最有光彩的。

"如果我能够处理重大的事情，我本可以表现出我的才能。"你懂得考虑自己的生活，懂得去安排它吧？那你就做了最重要的事情了。天性的表露与发挥作用，无须异常的境遇，它在各个方

余生很贵，请勿浪费

面乃至在暗中也都会表现出来，无异于在不设幕的舞台上一样。我们的责任是调整我们的生活习惯，而不是盲从；是使我们的举止温文尔雅，而不是去打仗，去扩张领地。我们最辉煌、最光荣的事业乃是生活得惬意，其他一切事情，执政、致富、建造产业，充其量也只不过是这一事业的点缀和从属品。

永远不要让月亮消失在你心里

人不是做了错事得到报应才算公平。我们应该彼此宽容，每个人都有弱点与缺陷，都可能犯下这样那样的错误。我们要竭力避免伤害他人，要以博大的胸怀宽容对方。

从前有一个富翁，他有 3 个儿子，在他年事已高的时候，富翁决定把自己的财产全部留给 3 个儿子中的一个。可是，到底要把财产留给哪一个儿子呢？富翁于是想出了一个办法。

他要 3 个儿子都花一年时间去游历世界，回来之后看谁做了最高尚的事情，谁就是财产的继承者。一年时间很快就过去了，3 个儿子陆续回到家中，富翁要 3 个人都讲一讲自己的经历。大儿子得意地说："我在游历世界的时候，遇到了一个陌生人。他十分信任我，把一袋金币交给我保管，可是那个人却意外地去世了，我就把那袋金币原封不动地又还给了他的家人。"二儿子自信地说："当我旅行到一个贫穷落后的村落时，看到一个可怜的小乞丐不幸掉到湖里了，我立即跳下马，从湖里把他救了起来，并留给他一笔钱。"三儿子犹豫地说："我，我没有遇到两个哥哥碰到的那种事，在我旅行的时候遇到了一个人，他很想得到我的钱袋，一路上千方百计地害我。我差点死在他手上。可是有一天我经过悬崖边，看到那个人正在悬崖边的一棵树下睡觉，当时

余生很贵，请勿浪费

我只要抬一抬脚就可以轻松地把他踢到悬崖下，我想了想，觉得不能这么做，正打算走，又担心他一翻身掉下悬崖，就叫醒了他，然后继续赶路。这实在算不了什么有意义的经历。"富翁听完3个儿子的话，点了点头

说道："诚实、见义勇为都是一个人应有的品质，称不上是高尚。有机会报仇却放弃，反而帮助自己的仇人脱离危险的宽容之心才是最高尚的。我的全部财产都是老三的了。"

富翁把宽容之心列为最高尚的，也不无道理。

假如出现某种情况，你在憎恨别人时，心里总是愤愤不平，希望别人遭到不幸、惩罚，却又往往不能如愿，一种失望、莫名烦躁之后，使你失去了往日那轻松的心境和欢快的情绪，从而心理失衡；另一方面，在憎恨别人时，由于疏远别人，只看

到别人的短处，言语上贬低别人，行动上敌视别人，结果使人际关系越来越僵，以致树敌结仇。

你"恨死了"别人，这种嫉恨的心理对你的不良情绪起了不可低估的作用。而且，今天记恨这个，明天记恨那个，结果朋友越来越少，对立面越来越多，严重影响人际关系和社会交往，成为"孤家寡人"。

在遭到别人伤害，心里憎恨别人时，不妨进行换位思考，假如你自己处于这种情况，会如何应对？当你熟悉的人伤害了你时，想想他往日在学习或生活中对你的帮助和关怀，以及他对你的好，这样，心中的火气、怨气就会大减，就能以包容的态度谅解别人的过错或消除相互之间的误会，化解矛盾，和好如初。这样，包容的是别人，受益的却是自己。

余生很贵，请勿浪费

为他人的成功点赞，但也要拥抱自己的平凡

有一天，上帝来到人间，遇到一个智者，正在钻研人生的问题。上帝敲了敲门，走到智者的跟前说："我也对人生感到困惑，我们能一起探讨一下吗？"

智者毕竟是智者，他虽然没有猜到面前这个老者就是上帝，但也猜到绝不是一般人。

他正要问来者是谁，上帝说："我们只是探讨一些问题，完了我就走了，没有必要通报我的姓名吧。"

智者说："我越是研究，就越是觉得人类是一种奇怪的动物。他们有时候非常理智，有时候却非常不理智，而且往往在大的方面丧失了理智。"

上帝感慨地说："这个我也有同感。他们厌倦童年的美好时光，急着长大成熟，但长大了，又渴望返老还童。健康的时候，不知道珍惜健康，往往牺牲健康来换取财富，然后又牺牲财富来换取健康。他们对未来充满焦虑，却往往忽略现在，结果既没有生活在现在，又没有生活在未来之中。他们活着的时候好像永远不会死去，但死去以后又好像从没活过，还说人生如梦……"

智者认为上帝的论述非常精辟，就说："研究人生的问题，很是耗费时间的。你怎么利用时间呢？"

"是吗？我的时间是永恒的。对了，我觉得人一旦对时间有了真正透彻的理解，也就真正弄懂了人生了。因为时间包含着机遇，包含着规律，包含着人间的一切，比如，新生的生命、没落的尘埃、经验和智慧，等等人生至关重要的东西。"

智者静静地听上帝说着，然后，他要求上帝对人生提出自己的忠告。

上帝从衣袖中拿出一本厚厚的书，上边却只有这么一段话：

人啊！有人会深深地爱着你，但却不知道如何表达；金钱唯一不能买到的，却是最宝贵的，那便是幸福；宽恕别人和得到别人的宽恕还是不够的，你也应当宽恕自己；你所爱的，往往是一朵玫瑰，并不是非要极力地把它的刺根除掉，你能做的最好的，就是不要被它刺伤，自己也不要伤害到心爱的人；尤其重要的是，很多事情错过了就没有了。

智者看完了这些文字，激动地说："只有上帝，才能……"抬头一看，上帝已经消失得无影无踪了。

余生很贵，请勿浪费

你就要去过别人觉得"不值"的生活

"我想按照自己的定义生活。"梅格莱恩说，"我绝对不要活在别人定义的形象下。我不在乎遗忘，人们总是会变得贪婪、太自我。我希望能不断成长，活出既有的框架。也许我会再拍一部或两部电影，也许不会。虽然我会怀念这个工作，不过我对其他事情也很有兴趣。"

"我希望能活得踏实。"她说，"我不想过得飘飘然，脱离现实。"

你想要的自我方式是什么样？这是一个永远没有标准答案的问题。只要那是你要的方式，便是最好的方法。

最可悲的人生，便是活了一辈子之后，却发现这不是自己要的一辈子！

做着自己不喜欢的工作、念着不想念的专业、过着自己不想要的生活……这种人即使活了 200 岁也是白活，因为他根本没有自己、没有思想，只像张复印纸，不断地复印别人的想法和意见，以这些东西再来复印生活！

活出自己，还必须要克服的是：别太在乎别人的想法和眼光。

相信世界上不会有人比你自己更懂自己要什么！

每个人的价值观和对生活的认同感都并不尽然相同，他们当然可以给你意见，为你分析，你也可以参考、去思考，但绝对不可以一个口令一个动作，人家说好的便去做，人家不认同的便去抗拒，这样只是对自己不尊重而已。而不懂得尊重自己的人，别人又怎么会懂得去尊重你？把自己生命中该思考的问题丢给别人负责，根本就是不负责任的行为！

任何人都有自我的方式：有人用唱歌活出自己、有人通过画画、有人用舞蹈、有人用种田、有人用煮饭、有人靠做买卖……方式各异但唯一相同的是：这都是自我的选择。

生命是自己的，生活是个人的，方式更是自己选的。每个人都有不同的天分，只要将自己最擅长、最喜欢的部分去延伸发展，就可以发展精彩的自我人生。

不要再犹豫了，你当然可以决定活出自己。生命的原色原本就该这样，将那些杂质滤掉，快快乐乐地活出自己吧！

不快乐的每一天都不是你的

赖莎的丈夫去世了，同时也带走了她所有的快乐，她感觉生活越发苦闷。

赖沙每次上街都要经过一幢老房子，房子前面有一个小得不能再小的院子。不过，那泥地院子总是被扫得干干净净，坚实的地上摆满了一盆盆争妍斗奇的鲜花。

有个身材纤小的女人经常身系围裙，在院子里扫地、修花、剪草。她甚至把那些从无数飞驰而过的汽车上抛下的废物也捡走。

这个院子正在修筑新的栅栏。那栅栏筑得很快，赖莎每次驾车经过那房子时，都会留意它的进展。那个女人在它上面加了个玫瑰花棚架和一个凉亭。她把栅栏漆成乳白色，然后给那房子四周也涂上了同样颜色，使它光彩照人。

有一天，赖莎把车子停在路旁，对那道栅栏凝望了很久。那木匠把它造得太好了，她有点舍不得离开，于是把发动机关掉，走下车去摸摸那道白色的栅栏。栅栏上的油漆味尚未消散。她听见那女人在里面转动割草机的曲柄，想发动机器。

"你好！"赖莎挥手喊她。

"啊，你好！"那女人站起来，用围裙擦擦手。

"我很喜欢你的栅栏。"赖莎告诉她。

她朝赖莎看了看，微微一笑道："来前廊坐坐，我把这栅栏的故事讲给你听。"

她们走上后面的楼梯，跨过磨旧了的地毯，越过木板地，走到了前廊。

"请坐在这里。"女主人热情地说。

赖莎坐在门廊上喝着香浓的咖啡，看着那道漂亮的白栅栏，心里突然欣喜万分。

"这白栅栏不是为我自己做的，"女主人开始述说这栅栏的故事，"这房子现在只有我一个人住，丈夫早已去世，儿女们也都搬走独自生活去了。但我看到每天有那么多人经过这里，我想，如果我让他们看到一些真正好看的东西，他们一定会很开心。现在大家都看我的栅栏，向我挥手。有些人像你一样，甚至还停下车来，到门廊上坐下聊天。"

"但路在不断地拓宽，这里在不断地改变，你的院子也越变越小，这一切你难道一点都不在乎吗？"赖莎忍不住问道。

"改变是人生不可避免的，是生活中常有的事，它能陶冶你的性格，培养毅力。当你遇到不如意的事时，你有两个选择：怨天尤人，或者生活得更潇洒。"

赖莎离开时，女主人大声喊道："欢迎你随时再来。别把栅栏门带上，那样看起来更友善些。"

"别把栅栏门带上"，赖莎永远记住了这句话。

余生很贵，请勿浪费

一面被生活流放，一面为它点亮火把

"人有悲欢离合，月有阴晴圆缺，此事古难全。"古人有古人的悲哀，可古人很看得开，他们把人世间的悲欢离合比作月的阴晴圆缺，一切全出于自然，其中有永恒不变的真理，它像一只无形的手在那里翻云覆雨，演绎着多色多味的世界。今人也有今人的苦恼，因为"此事古难全"。

苦恼和悲哀常常引起人们对生活的报怨，哀自己的命运苦，怨生活的不公。

沮丧失落的时候，我们对一切感到乏味，生活的天空阴云密布，看什么都不顺眼，像 T 恤衫上印着的：别理我，烦着呢！

面对高考落榜，面对失恋，面对解释不清的误会，我们的确不易很快地超脱。烦什么？你的敌人就是你自己，战胜不了自己，没法不失败；想不开、钻死胡同，全是自寻烦恼。

沮丧的时候，退归你生活的角落，去充电、打气。选一盒录音带，京剧、越剧、歌曲、乐曲什么都成，边听边练毛笔字，书写龚自珍的诗"霜豪掷罢倚天寒"，多带劲！"不是逢人苦誉君，亦狂亦侠亦温文"，多亲切！你还想发泄一下，那就大声唱出来："我站在烈烈风中，恨不能荡尽绵绵心痛；看苍天，四方云动，剑在手，问天下谁是英雄……"渐渐地排遣了沮丧，焕发了新的

激情，环视四周，发现一切正常，你的消沉、你的低落、你的怨愤没有任何意义，既然如此，何不让自己回归正常？不要总跟自己过不去。

试试看，每天吃一颗糖，然后告诉自己——今天的日子，果然是甜的！

有时候，我们应该走出去或登到顶上去，你会看到另一番景象："日照香炉生紫烟，遥看瀑布挂前川，飞流直下三千尺，疑是银河落九天。"

我们看清了自己，再来看生活，也许多了几分宽容在里面，生活本身，并不是可以实现所有幻想的万花筒，生活和我们是相

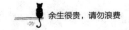

互选择的，不该过分计较生活的失言，生活本来就没有承诺过什么。它所给予的，并不总是你应当得到的，而你所能取得的，是凭你不懈的真诚和执着得到的。

原谅生活是一种积极有效的方式，原谅生活，不是可以淡漠所有的不公，不是为了超脱凡世的恩怨，而是要正视生活的全部，以缓解和慰藉深深的不幸。相信生活，才能原谅生活，如果你的桅杆折断，不论是你自己的错，还是生活的错，都不该再悲哀地承受着荡舟的孤独。

请重新支起新的桅杆！

原谅生活，是为了更好地生活。

做人岂能完美，接受真实的自己

美国心理学家纳撒尼雨·布兰登举过一个他亲身经历的例子。

许多年前，一位叫洛蕾丝的 24 岁的年轻妇女无意中读了他的一本书，便找他来进行心理治疗。洛蕾丝有一副天使般的面孔，可骂起街来却粗俗不堪，她曾吸毒、卖淫。

布兰登说，她做的一切都使我讨厌，可我又喜欢她，不仅因为她的外表相当漂亮，而且因为我确信在堕落的表象下她是个出色的人。

起初，我用催眠术使她回忆她在初中是个什么样的女孩子。她当时很聪明，但是不敢表现自己，怕引起同学的嫉妒。她在体育上比男孩强，招惹来一些人的讽刺挖苦，连她哥哥也怨恨她。我让她做真空练习，她哭泣着写了这样一段话：你信任我，你没有把我看成坏人！你使我感到痛苦，也感到了希望！你把我带到了真实的生活，我恨你！

一年半后，洛蕾丝考取洛杉矶大学学习写作，几年后成为一名记者，并结了婚。10 年后的一天，我和她在大街上相遇，我几乎认不出她了：衣着华丽，神态自若，生气勃勃，丝毫不见过去的创伤。寒暄后，她说："你是没有把我当成坏人看待的那个人，你把我看作一个特殊的人，也使我看到了这一点。那时我非常恨你！承认我是谁，我到底是什么人，这是我一生中从未遇到的事。人们常说承认自己的缺点是多么不容易的事，其实承认自己的美德更难。"

真正面对成功，就必须要学会放弃完美，不求完美，因为我们的确不是完美无缺的。这是一个令人宽慰的事实，我们越早接受这一事实，就越能及早地向新的目标迈进，这是人生的真谛。

没有自我接受、自我肯定这个先决条件，我们怎么会改进和提高呢？

你站在一面穿衣镜前，观察自己的面孔和全身。你可能喜欢其中某些部分，而不喜欢另外某些部分。有些地方可能不怎么耐看，使你感到不安，但如果你看自己不喜欢的样子，请你不要逃避，不要抵触，不要否认自己的容貌。这个时候你就需要放弃完美，放弃"公有化"的标准，而用自己的标准来看待自己。否则你就无法自我接受、自我肯定。

法国大思想家卢梭说得好："大自然塑造了我，然后把模子打碎了。"这话听起来似乎有点深奥，其实说的是实在话，可惜的是，许多人不肯接受这个已经失去了模子的自我，于是就用自以为完美的标准，即公共模子，把自己重新塑造一遍，结果彼此就变得如此相似，都失去了自我。

"成为你自己！"这句格言之所以知易行难，道理就在于此。失去了自我，失去了个性与自我意识，还谈什么改进和提高呢？

应当怎么办？你要用自己的眼光注视镜子里边的自我形象，

并试着对自己说："无论我的什么缺陷，我都无条件地完全接受，并尽可能喜欢我自己的模样。"你可能想不通：我明明不喜欢我身上的某些东西，我为什么要无条件地完全接受呢？

接受意味着接受事实，是承认镜子里的面孔和身体就是自己的模样。接受自己承认事实，你会觉得轻松一点，感到真实和舒服了。慢慢地，你就会体会到自我接受与自信自爱之间相辅相成的关系。我们学会接受自我，才会构建属于自己的头脑。

有错过，有遗憾，这才是人生

吃了亏的人说："吃亏是福。"

丢了东西的人说："破财免灾。"

胆子小的人说："出头的椽子先烂。"

侥幸逃过一劫的人说："大难不死，必有后福。"

受欺压的人说："不是不报，时候未到。"

卸任官员说："无官一身轻。"

官场失意者说："塞翁失马，焉知非福。"

生了女孩的父母说："养女儿是福气，养儿子是名气。"

没钱人的太太说："男人有钱就变坏。"

惧内的丈夫说："有人管着好呀，啥事都不用操心。"

夫不下厨，妻跟人说："整天围着锅台转的男人没出息。"

住在顶楼的人说："顶楼好呀，上下楼锻炼身体，空气新鲜，还不会有人骚扰。"

住在一楼的人说："一楼好呀，出入方便，省得爬楼梯，怪累的。"

某人被老板炒了鱿鱼，他对人说："我把老板给炒了。"

中国人的确有些"阿Q"精神，既要面子，又要自我解嘲。然而这没什么不好，达观地处理嘛！

我们每一个人所拥有的财物，无论是房子、车子、金子……无论是有形的，还是无形的，没有一样是属于自己的。智者把这些财富统统视为身外之物。

　　卡耐基说："要是我们得不到我们希望的东西，最好不要让忧虑和悔恨来苦恼我们的生活。"且让我们原谅自己，学得豁达一点。根据古希腊哲学家艾皮科蒂塔的说法，哲学的精华就是：一个人生活上的快乐，应该来自尽可能减少对外在事物的依赖。罗马政治学家及哲学家塞涅卡也说："如果你一直觉得不满，那么即使你拥有了整个世界，也会觉得伤心。"且让我们记住，即使我们拥有整个世界，我们一天也只能吃 3 餐，一次也只能睡 1 张床，即使是一个挖水沟的工人也可如此享受，而且他们可能比洛克菲勒吃得更津津有味，睡得更安稳。

　　"身外物，不眷恋"是思悟后的清醒。它不但是超越世俗的大智大勇，也是放眼未来的豁达襟怀。谁能做到这一点，谁就会活得轻松，过得自在，遇事想得开，放得下。

丑也不要紧，至少是你自己的

世上很多人不能走出生存困境的人都是因为对自己信心不足，他们就像脆弱的小草一样，毫无信心去经历风雨，这是一种可怕的自卑心理。所谓自卑，就是轻视自己，自己看不起自己。

自卑心理严重的人，并不一定是其本身具有某些缺陷或短处，而是不能悦纳自己，自惭形秽，常把自己放在一个低人一等，不被自我喜欢，进而演绎成别人也看不起的位置，并由此陷入不能自拔的痛苦境地，心灵笼罩着永不消散的愁云。

王璇本来是一个活泼开朗的女孩，后来被自卑折磨得一塌糊涂。

王璇在一家大型的日本企业上班，毕业于某著名语言大学。大学期间的王璇是一个十分自信、从容的女孩。她的学习成绩在班级里名列前茅，是男孩追逐的焦点。

然而，最近，王璇的大学同学惊讶地发现，王璇变了，原先活泼可爱、整天嘻嘻哈哈的她，像换了一个人似的，不但变得羞羞答答，甚至其行为也变得畏首畏尾，而且说起话、干起事来都显得特别不自信，和大学时判若两人。

每天上班前，她会为了穿衣打扮花上整整两个小时的时间。为此她不惜早起，少睡两个小时。她之所以这么做，是怕自己打扮不好，遭到同事或上司的取笑。在工作中，她更是战战兢兢、小心翼翼，甚至到了谨小慎微的地步。

　　原来到日本公司后，王璇发现日本人的服饰及举止显得十分高贵及严肃，让她觉得自己土气十足，上不了台面。于是她对自己的服装及饰物产生了深深的厌恶。第二天，她就跑到服饰精品商场去了。可是，由于还没有发工资，她买不起那些名牌服装，只能悻悻地回来了。

　　在公司的第一个月，王璇是低着头度过的。她不敢抬头看别人穿的名牌西服、名牌裙子，因为一看，她就会觉得自己穷酸。

　　那些日本女人或早于她进入这家公司的中国女人大多穿着一流的品牌服饰，而自己呢，竟然还是一副穷学生样。每当这样比较时，她便感到无地自容，她觉得自己就是混入天鹅群的丑小鸭，心里充满了自卑。

　　服饰还是小事，令王璇更觉得抬不起头来的是她的同事们平时用的香水都是洋货。她们所到之处，处处清香飘逸，而王璇自己用的却是一种廉价的香水。

　　女人与女人之间，聊起来无非是生活上的琐碎小事，主要的是衣服、化妆品、首饰，等等。

　　而关于这些，王璇几乎插不上嘴。这样，她在同事中间就显得十分孤立。

　　在工作中，王璇也觉得很不如意。由于刚踏入工作岗位，工作效率不是很高，不能及时完成上司交给的任务，有时难免受到批评，这让王璇更加拘束和不安，甚至开始怀疑自己的能力。

此外，王璇刚进公司的时候，她还要负责做清洁工作。看着同事们悠然自得地享用着她倒的开水，她就觉得自己与清洁工无异，这更加深了她的自卑意识……

像王璇这样的自卑者，总是一味轻视自己，总感到自己这也不行、那也不行，什么也比不上别人。

怕正面接触别人的优点，回避自己的弱项，这种情绪一旦占据心头，犹豫、忧郁、烦恼、焦虑便纷至沓来。

每一个人都有其优势，都有其存在的价值。自卑是一种没有必要的自我没落。

一个人如果陷入了自卑的泥潭，他能找到一万个理由说自己如何不如别人，比如我个矮、我长得黑、我眼睛小、我不苗条、我嘴大、我有口音、我汗毛太多、我父母没地位、我学历太低、我职务不高、我受过处分、我有病，乃至我不会吃西餐，等等，可以找到无数种理由让自己自卑。由于自卑而焦虑，于是注意力分散了，从而破坏了自己的成功，导致失败，失败——自卑——焦虑——分散注意力——失败，这就是自卑制造的恶性循环。

你的人生还差那么一点洒脱

"生活是沉重的",他一直这样认为,以至于有一天他觉得被压得有些喘不过气来了,便向一位禅师求助,寻求解脱之法。

禅师听明他的来意,递给他一个竹篓背在肩上,笑着说:"我正要去南山取些彩石,你与我同行吧。见到美丽的石头便捡到竹篓中吧。"他同意了。

路上,每走两步就能见到一块美丽的石头,他把它们都装在了竹篓里。过了一会儿,禅师问他有什么感觉。他说:"觉得越来越沉重。"禅师说:"这也就是你为什么感觉生活越来越沉重的道理。当我们来到这个世界上时,我们每人都背着一个空篓子,然而我们每走一步都要从这世界捡一样东西放进去,所以才有了越走越累的感觉。"

他问:"有什么办法可以减轻这沉重呢?"

禅师问:"那么你愿意把工作、爱情、家庭、友谊哪一样拿出来呢?"

那人不语。

禅师说:"我们每个人的篓子里装的不仅仅是精心从这个世界上寻找来的东西,还有责任,当你感到沉重时,也许你应该庆幸自己不是国王,因为他的篓子比你的大多了,也沉多了。"

余生很贵,请勿浪费

算起来，人最轻松的时候，一是出生时，一是死亡时。出生时赤条条而来，背的是空篓子；死亡时，则要把篓子里的东西倒得干干净净，又是赤条条而去。除此之外，一个人的一生，就是不断地往自己的篓子里放东西的过程。得了金钱，又要美女；得了豪宅，又要名车；得了地位，还要名声。生怕自己篓子里的东西比别人少，哪怕是如牛负重，心为形役。这又岂能不累？要想真不累，其实也容易得很，只消把背篓里的东西扔出去几样。可每往篓子外扔一件东西，我们都会心疼。那就干脆换个思路，给自己找心理平衡。当你感到生活篓子里的东西太重因而步履蹒跚的时候，你不妨看看左邻右舍羡慕的眼光，看看他们同样也在拼命地往篓子里捡东西，你就会安慰自己，你装的东西多，是你的本事大，别人想装还装不进来呢。

　　你还得明白，篓子里的东西越多，你的责任就越大。譬如说吧，你打算娶一个美女为妻，也就是说往篓子里放一件人人羡慕的宝贝，那么你在获得美女情爱的时候，责任也就来了：美女的花费肯定比一般女人要高，脾气更怪，被人觊觎、受人勾引的概率也更大，你可能要经常处在猜忌、恐慌、羞耻、愤慨的情绪中。但你与漂亮太太走在街头换来的无数羡慕的眼光，或许就是对你的弥补。

　　生活就是这样，你要想在篓子里多装东西，就得比别人更辛苦。既然样样都难以割舍，那就不要想背负的沉重，而去想拥有的快乐。

人要活出一点味道，活得有点境界，就得学会摆脱紧张。而摆脱紧张的最好办法就是洒脱。洒脱既可以说是一种外在的行为方式，也可以被看作是一种内在的精神境界。一个人要想洒脱，首先就要调整好自己的心态，淡化功利意识，不要把自己看得那么重要。不妨设想一下，这个世界不管离开了谁，地球不都照转吗？人的功利意识或者说使命意识太强，相对来说，其精神负担就大，其压力就大，也就必然活得比常人紧张。但是，也有身负重任者忙中偷闲。有的人即使担当天下大任，也能够表现出一种闲态，比如在军事活动频繁之时，诸葛亮仍旧羽扇纶巾，这是一种潇洒，也是一种品质。只有这种闲情逸致才能养成他们临事不惊的本领。苏东坡为官时不也很有一番洒脱情致吗？

　　洒脱是一种境界。洒脱不一定需要太多，只要有那么一点，对于你的身心都有好处。

余生很贵，请勿浪费

第五章

生命就是一场不留余地的绽放

不靠谱的人生，都是没有勇气的人生

派蒂·威尔森在年幼时被诊断出患有癫痫。她的父亲吉姆·威尔森习惯每天晨跑。有一天，戴着牙套的派蒂兴致勃勃地对父亲说："爸，我想每天跟你一起慢跑，但我担心病会中途发作。"

她父亲回答说："如果你的病发作，我知道该怎样应付。我们明天就开始跑吧。"

于是，十几岁的派蒂就这样与跑步结下了不解之缘。和父亲一起晨跑是她一天之中最快乐的时光；跑步时，派蒂的病一次也没发作。

几个星期后的一天，她向父亲表达了自己的心愿："爸，我想打破女子长距离跑步的世界纪录。"父亲替她查吉尼斯世界纪录，发现女子长距离跑步的最高纪录是 128 千米。

当时，读高一的派蒂为自己订立了一个长远的目标："今年我要从橘县跑到旧金山 (640 多千米)；高二时，要到达俄勒冈州的波特兰 (2400 多千米)；高三时的目标在圣路易市 (3200 多千米)；高四则要向白宫进发 (4800 多千米)。"

虽然派蒂的身体状况与别人不同，但她依旧满怀热情与理想。对她来说，癫痫只是偶尔给她带来不便的小毛病。她并不因此消极退缩，相反，她更加珍惜自己已经拥有的一切。

余生很贵，请勿浪费

高一时，派蒂穿着上面写有"我爱癫痫"的衬衫，一路跑到了旧金山。她父亲陪她跑完了全程，母亲则开着旅行拖车尾随其后，照料父女两人。

高二时，她身后的支持者换成了班上的同学。他们拿着巨幅的海报为她加油打气，海报上写着："派蒂，跑啊！"但在这段前往波特兰的路上，她扭伤了脚踝。医生劝告她马上中止跑步："你的脚踝必须打上石膏，否则会造成永久的伤害。"

她回答道："医生，跑步不是我一时的兴趣，而是我一辈子的至爱。我跑步不单是为了自己，同时也是要向所有人证明，残疾人同样可以跑马拉松。有什么方法能让我跑完这段路？"

医生表示可以用黏合剂先将受损处接合，而不用上石膏；但他警告说，这样会起水泡，到时会十分疼痛。

派蒂毫不犹豫地点头答应了。

派蒂终于来到波特兰，俄勒冈州州长还陪她跑完最后 1.6 千米。一面写着红字的横幅早在终点等着她："超级长跑女将，派蒂·威尔森在 17 岁生日这天创造了辉煌的纪录。"

高中的最后一年，派蒂花了 4 个月的时间由美国西海岸长跑到东岸，最后抵达华盛顿，并接受总统召见。她告诉总统："我想让人们明白，癫痫患者与一般人无异，也能过正常的生活。"

美好的叫作精彩，糟糕的叫作经历

　　有位青年，厌倦了日复一日、平淡无奇的生活，他感到无聊和痛苦。

　　为寻求刺激，青年参加了挑战极限的活动。

　　主办者把他关在山洞里，无光无火亦无粮，每天只供应 5 千克的水，时间为 120 小时，整整 5 个昼夜。

　　第 1 天，青年还心怀好奇，颇觉刺激。

　　第 2 天，饥饿、孤独、恐惧一齐袭来，四周漆黑一片，听不到任何声响。于是他有点向往起平日里的无忧无虑来。

　　他想起了乡下的老母亲千里迢迢、风尘仆仆地赶来，只为送一坛韭菜花酱以及给小孙子的一双虎头鞋。

　　他想起了终日相伴的妻子在寒夜里为自己掖好被子。

　　他想起了宝贝儿子为自己端的第 1 杯水。

　　他甚至想起了与他发生争执的同事曾经给自己买过的一份工作餐……

　　渐渐地，他后悔起平日里对生活的态度来：懒懒散散，敷衍了事，冷漠虚伪，无所作为。

　　第 3 天，他饿得几乎挺不住了。可是一想到人世间的种种美好，便坚持了下来。第 4 天、第 5 天，他仍然在饥饿、孤独、极大的

余生很贵，请勿浪费

恐惧中反思过去，向往未来。

　　他痛恨自己竟然忘记了母亲的生日；他遗憾妻子分娩时未尽照料的义务；他后悔听信流言与好友分道扬镳……他这才觉出需要他努力弥补的事情竟是那么多。可是，连他自己也不知道，他能不能挺过最后一关。

　　就在他涕泪齐下、百感交集之时，洞门开了。阳光照射进来，白云就在眼前，淡淡的花香，悦耳的鸟鸣——他又迎来了美好的人间。

　　青年摇摇晃晃地走出山洞，脸上浮现出了一丝难得的笑容。5天来，他一直用心在说一句话，那就是：活着，就是幸福！

让每一天都闪闪发亮

一位风烛残年的老人在日记簿上记下了对生命的领悟。

"如果我可以从头活一次，我要尝试更多的错误。我不会再事事追求完美。"

"我情愿多休息，随遇而安，处世糊涂一点，不对将要发生的事处心积虑。其实人世间有什么事情需要斤斤计较呢？

"可以的话，我会多去旅行，跋山涉水，最危险的地方也要去一次。以前我不敢吃冰激凌，不敢吃豆，是怕危害健康，此刻我是多么的后悔。过去的日子，我实在活得太小心，每一分每一秒都不容有失。太过清醒明白，太过清醒合理。

"如果一切可以重新开始，我会什么也不准备就上街，甚至连纸巾也不带一张，我会用心享受每一分、每一秒。如果可以重来，我会赤足走在户外，甚至整夜不眠，用这个身体好好地感受世界的美丽与和谐。还有，我会去游乐园多玩几圈木马，多看几次日出，和公园里的小朋友玩耍。

"如果人生可以从头开始……但我知道，不可能了。"

这就是人生，真的不能再来一次。

今天，正值韶华的你，如果每天巧用一分钟，会是怎样呢？

多读一分钟：书太多了，人的时间太少了，多浪费一分钟，少阅读一本书。经常省下零零星星的时间，拿出一本喜欢又被遗忘很久的书来阅读。多读一分钟，你会感到很惬意。

多玩一分钟：人生倏忽一百年，少得可怜。每天多留一分钟，看一看山水，看一看大海和天空，看一看星星和月亮，把人生演绎得美妙些。

多陪孩子一分钟：孩子是人生里最重要的财产之一，多一分钟赚钱，便少一分钟与孩子相处的机会，要珍惜。与孩子相处，你可以返璞归真，拥有童稚之心，无忧、欢乐。

多陪爱人一分钟：爱人不是用来拌嘴的对象，是陪你走一生的人，在终老之前多陪她一分钟。一个一分钟很少，一百个一分钟也不多，但是千千万万个一分钟，可就不少了。每天预留一分钟给家人，人生便多了许多一分钟的美好。

每个人都曾深陷泥淖，走出来才叫人生

在人的一生中，每个人都不能保证一切顺利，然而人们在面对失败时大可不必灰心丧气，用心发现，其实路就在你脚下。

达尼是一个很有事业心的人，他在一家销售公司一干就是5年，从一个刚毕业的大学生一直做到了分公司的总经理。在这5年里，公司逐渐成为同行业中的佼佼者，达尼也为公司付出了许多，他很希望通过自己的努力将企业带入一个更加成功的境地。然而就在他兢兢业业拼命工作的时候，达尼发现老板变了，变得不思进取、"牛"气十足，对自己渐渐地不信任，许多做法都让人难以理解。而达尼自己也找不到昔日干事业的感觉。

同样，老板也看达尼不顺眼，说达尼的举动使公司的工作进展不顺利，有点碍手碍脚。不久，老板把达尼解雇了。

从公司出来后，达尼并没有气馁，他对自己的工作能力还是充满了信心。不久，达尼发现一家大型企业正在招聘一名业务经理，于是将自己的简历寄给了这家企业，没过几天他就接到面试通知，然后和老总面谈，最终顺利得到这份工作。工作大约一个月时间，达尼觉得自己十分欣赏该公司总经理的气魄和工作能力。同时，他也感到总经理同样十分赏识他的才华与能力。在工作之余，总经理经常约他一起去游泳、打保龄球或

余生很贵，请勿浪费

者参加一些商务酒会。

在工作中，达尼发现公司的企业图标设计相当烦琐，虽然有美感，却缺乏应有的视觉冲击力，便大胆地向总经理提出更换图标的建议。没想到总经理也早有此意，总经理把这件事交给他去完成。

为了把这项工作做好，达尼亲自求助于图标设计方面的专业人士，从他们设计的作品中选出了比较满意的一件。当他把设计方案交给总经理的时候，总经理大加赞赏，立马升达尼为公司副总，薪水增加一倍。

是的，被解雇并不是一件坏事，达尼面对无情的解雇，凭借着才能找到了更适合自己的工作，而且得到了一位真正"伯乐"的赏识。

其实路就在脚下，被解雇了，我们不用去计较，走过去，也许前面有更光明的一片天空在等着我们。

美国著名作家海明威在《老人与海》中，阐述了这么一个关于人的尊严的道理——"人可以被消灭，但不能被打败！"因此，我们要不断地自我激励，不能因为一时的挫折就把自己的一生永远地困在泥淖中。人的可贵之处在于，无论我们要跌倒多少次，都能从失败的废墟上站起来！站立的人方显得高大，人生也会因此而显得绚丽多彩。作为一个现代人，应具有迎接挑战的心理准备。世界充满了机遇，也充满了风险。要不断提高自我应付挫折的能力，调整自己，增强社会适应力，坚信挫折中蕴含着机遇。

也许在人生低谷的你正在为自己失业了而烦恼不堪。其实这于事无补，相信上帝在关上一扇门的同时会打开另一扇窗户，机遇的诞生可能就在这一切发生之时。

余生很贵，请勿浪费

人生不可能圆满，希望你一直自我感觉良好

也许你想成为太阳，可你却只是一颗星辰；也许你想成为大树，可你却只是一株小草；也许你想成为大河，可你却只是一泓山溪……于是，你很自卑。很自卑的你总以为命运在捉弄自己。其实，你不必这样：欣赏别人的时候，一切都好；审视自己的时候，却总是很糟。和别人一样，你也是一道风景，也有阳光，也有空气，也有寒来暑往，甚至有别人未曾见过的一株春草，甚至有别人未曾听过的一阵虫鸣……做不了太阳，就做星辰，让自己发热发光；做不了大树，就做小草，以自己的绿色装点希望；做不了伟人，就做实在的小人物，平凡并不可卑，关键是必须扮演好自己的角色。

有个小男孩头戴球帽，手拿球棒与棒球，全副武装地走到自家后院。

"我是世上最伟大的击球手。"他自信地说完后，便将球往空中一扔，然后用力挥棒，却没打中。他毫不气馁，继续将球拾起，又往空中一扔，然后大喊一声："我是最厉害的击球手。"他再次挥棒，可惜仍是落空。他愣了半晌，然后仔仔细细地将球棒与棒球检查了一番之后，他又试了一次，这次他仍告诉自己："我是最杰出的击球手。"然而他第三次的尝试还是挥棒落空……

"哇！"他突然跳了起来，"我真是一流的投手。"

男孩勇于尝试，能不断给自己打气、加油，充满信心，虽然仍是失败，但是，他并没有自暴自弃，没有任何抱怨，反而能从另一种角度"欣赏自己"。

生活中大多数人都习惯自怜自艾、自我批判，他们最常说的是"我身材难看""我能力太差""我总是做错事"……他们总是学不会像那个小男孩一样，换个角度欣赏自己，这都是由于自卑心理在作祟。自卑心理所造成的最大问题是：你总是在斤斤计较你的平凡，你总是在想方设法证明你的失败，每一天你都在为自己的想法找证据，结果你越来越觉得自己平凡、渺小，处处不如人。一个值得思考的问题是：为什么你明明知道这样做会使人生更灰暗、负面的感觉更多，更不知道珍惜人生的天赋美好，却还是执迷不悟。我们都是芸芸众生中的一员，都是平凡的小人物，但我们也有比别人美好的地方，所以千万不要贬低自己。

如果一个人对自己都不欣赏，连自己都看不起，那么，怎么还会自强、自信、自爱、自省呢？你也许曾埋怨过自己不是名门出身，你也许曾苦恼过自己命运中的波折，你也许曾惋叹过自己行程中的坎坷。可是，你有没有正视过自己？对于一个生活的强者而言，出身只是一种符号，它和成功没有丝毫瓜葛，你又何必为此而斤斤计较？人生变动不居，又岂能无忧无虑、平静无波？生命的行程如果没有顽石的阻挡，又怎能激起美丽的浪花朵朵？

生命的美体现在过程中

"只有一个真正严肃的哲学问题,那就是自杀。"这是加缪《西西弗斯神话》里的第一句话。朋友提起这句话时,正躺在医院急诊室的病床上,140粒安定药没有撂倒他,他又能够微笑着和大家说话了。

一位朋友肺癌晚期,一年前医生就下过病危通知书,是钱、药、家人的爱在一点一点地延长着他的生命。对于病人,病痛的折磨或许会让他感到生不如死,但对于亲人来说,不惜一切代价,只要他活着,只要他在那儿。

人无权决定自己的生,但可以选择死。为什么要活着?怎样活下去?是人终生都要面对的问题。

有一个春天,李杰很忧郁,是那种看破今生的绝望,那种找不到目的和价值的空虚,那种无枝可栖的孤独与苍凉。一个下午,李杰抱了一大堆影碟躲在屋内,心想就这样看吧,看死算了。直到他看到它——伊朗影片《樱桃的滋味》,他的心弦被轻轻地拨动了。

那时李杰的电脑还没装音箱,只能靠中文字幕了解剧情。剧情大致是这样的。

巴迪先生驱车行驶在一条山间公路上,他神情从容镇静,稳稳地操纵着方向盘。他要寻找一个帮助埋掉他的人，并付给对方20万元。一个士兵拒绝了，一位牧师也拒绝了，天色不早了，巴迪先生依然从容镇静地驱车在公路上寻觅。这时他遇到了一个胡子花白的老者，老者给他讲了一个故事：我年轻的时候也曾想过要自杀，一天早上，我的妻子和孩子还没睡醒，我拿了一根绳子来到树林里，在一颗樱桃树下，我想把绳子挂在树枝上，扔了几次也没成功，于是我就爬上树去。那时是樱桃成熟的季节，树上挂满了红玛瑙般晶莹饱满的樱桃。我摘了一颗放进嘴里，真甜啊！

余生很贵，请勿浪费

于是我又摘了一颗。我站在树上吃樱桃。太阳出来了，万丈金光洒在树林里，洒满金光的树叶在微风中摇摆，满眼细碎的亮点。我从未发现树林这么美丽。这时有几个上学的小学生来到树下，让我摘樱桃给他们吃。我摇动树枝，看他们欢快地在树下捡樱桃，然后高高兴兴去上学。看着他们的远去背影，我收起绳子回家了。从那以后我再也不想自杀了。生命是一列向着一个叫死亡的终点疾驰的火车，沿途有许多美丽的风景值得我们留恋。

夜幕降临了，巴迪先生披上外套，熄灭了屋内的灯，走进黑暗中。夜色里只看到车灯的一线亮光。然后是无边的、长久的黑暗……

天亮了，远处的城市和近处的村庄开始苏醒，巴迪先生从洞里爬出来，伸了个懒腰，站在高处远眺。

看到这里李杰决定认认真真地洗个脸，把皮鞋擦亮，然后到商场给自己买束鲜花。

后来李杰曾经问过一位欲放弃生命的朋友，问他体验死亡的感觉如何。他说一直在昏迷中，没觉着怎么痛苦。倒是出院的那天，看到阳光如此的明媚，外面的世界如此的新鲜，大街上姑娘们穿着红格子呢裙，真是可爱。长这么大第一次发现世界是这样的美好。

世界还是那个世界，只是感受世界的那颗心不同而已。

患肺癌的朋友已经离开了，记得他生前爱吃那种烤得两面焦黄的厚厚的锅盔。每次看到卖饼的小贩推着小车走来，就会怅然，若他活着该多好！可惜那些吃饼的人，已经体味不到自己能够吃饼的幸福了。

　　为什么要活着？就为了樱桃的甜，饼的香。静下心来，认真去体验一颗樱桃的甜，一块饼的香，去享受春花灿烂的刹那，秋月似水的柔情吧。就这样活下去，把自己生命过程的每一个细节都设计得再精美一些，再纯净一些。不要为了追求目的而忽略过程，其实过程即目的。

像河流一样迂回前进

在印度洋的海岛上，有一种红嘴的鸟，它的嘴的颜色深浅决定了其在异性眼里受欢迎的程度。那些一心想让自己变得更受异性欢迎的鸟，必须调整体内的胡萝卜素。研究表明，胡萝卜素是促使鸟嘴颜色变红的主要原因，但同时也是鸟体内免疫能力不可或缺的重要元素。

在异性鸟眼里，深度红嘴的鸟是鸟中精英，因为它有足够的胡萝卜素。尽管生物学家证明有很大一部分鸟是打肿脸充胖子，事实上把太多的胡萝卜素集中到嘴的颜色装饰上会削弱体内正常的免疫能力，但为了异于同类，在竞争中取胜，鸟甚至于红"嘴"薄命。

一位作家曾经讲过一个故事：一位计算机博士在美国找工作，他奔波多日却一无所获。万般无奈，他来到一家职业介绍所，没出示任何学位证书，以最低的身份作了登记。很快他被一家公司录用了，职位是程序输入员。

不久，老板发现这个小伙子的能力非一般程序输入员可比。此时，他亮出了学士证书，老板给他换了相应的职位。

又过了一段时间，老板发觉这位小伙子能提出许多独特的见解，其本领远比一般大学生高，此时，他亮出了硕士证书，老板立刻提拔了他。

又过去了半年，老板发觉他能解决实际工作中遇到的几乎所有技术难题，在老板的再三盘问下，他才承认自己是计算机博士，因为工作难找，就把博士学位瞒了下来。

第二天一上班，他还没来得及出示博士证书，老板已宣布他为公司副总裁。

这个作家的意思是一个人要懂得生命的迂回，在没有机遇时要善于储蓄智慧，而不可把自己看得过重。其实这位博士仍然遵循了生命不能被透支的人生哲学。适当地保存生命的价值是非常重要的。而那些红嘴鸟，只凭一时的勇气来展示自己，一不小心就会透支生命。

余生很贵，请勿浪费

不是生活不美，是你打开的方式不对

当体验到生活中的美好时，自然就能找回快乐的心情。

晓飞在她 30 岁以后终于意识到，其实她的生活并不快乐。她将责任全部归咎于她的丈夫、她的前任老板以及她的亲属。

但是有一天，一位认识她已 10 年的朋友对她说："晓飞，你将你的不快乐归咎于你周围所有的人，为什么你就不能从自己身上找找原因呢？坦率地说，我总觉得和你在一起有种压抑的感觉。"

这些话对晓飞触动很大，从那以后，她开始认真思考她的生活方式，她努力尝试使自己快乐起来。她学着观察并感受每天发生在她周围的一切，她努力将自己的思维投向那些积极和快乐的事情上，并学会将烦恼放在一边，她发现她的生活正发生着日新月异的变化。

在以后的日子里，每当晓飞与其他的人谈论她的生活经历时，她总是这样说："在过去的许多年，我从未发现自己只是关注那些令人沮丧和消沉的事情，那时的我简直让人没法忍受。所幸的是，我的一位很好的朋友提醒了我，是他让我学会将那些糟糕的东西扔进垃圾筒，让我体验到生活中原来有那么多美好的东西。"

困境像俄罗斯方块，聚合然后消解

　　辛·吉尼普的父亲得了肺结核，那段日子，正碰上全美经济危机，吉尼普和妻子都先后失业了，经济拮据。父亲的病使得本不富裕的家里更加雪上加霜。老吉尼普生病时，由于他曾经是俄亥俄州的拳击冠军，有着硬朗的身子，才挺了过来。

　　一天，吃罢晚饭，父亲把他们叫到病榻前。他一阵接一阵地咳嗽，脸色苍白。

　　父亲艰难地扫了每个人一眼，缓缓地说："我想告诉你们一件事情。那是在一次全州冠军对抗赛上，我的对手是个人高马大的黑人拳击手，而我个子矮小，一次次被对方击倒，牙齿也出血了。我在台上不止一次地想到过要放弃。但在休息时，教练鼓励我说，'辛，你不痛，你能挺到第12局！'我也跟着说，'不痛。我能应付过去！'之后，我感到自己的身子像一块石头、像一块钢板，对手的拳头击打在我身上发出空洞的声音。跌倒了又爬起来，爬起来又被击倒了，但我终于熬到了第12局。对手战栗了，我开始了反攻，我是用我的意志在击打，长拳、勾拳，又一记重拳，我的血同他的血混在一起。眼前有无数个影子在晃，我对准中间的那一个狠命地打去……他倒下了，而我终于挺过来了。哦，那是我唯一的一枚金牌。"

　　昨天就像使用过的支票，明天则像还没有发行的债券，只有今天是现金，可以马上使用。今天是我们轻易就可以拥有的财富，无度的挥霍和无端的错过，都是对生命的浪费。

说话间，他又咳嗽起来，额上汗珠纷纷而下。

他紧握着吉尼普的手，苦涩地一笑："不要紧，才一点点痛，我能应付过去。"

第二天，父亲就去世了。

父亲死后，家里的境况更加艰难。吉尼普和妻子天天跑出去找工作，晚上回来，总是面对面地摇头，但他们不气馁，互相鼓励说："不要紧，我们会应付过去的。"

后来，吉尼普和妻子都找到了工作，每当坐在餐桌旁静静地吃着晚餐的时候，他们总会想到父亲，想到父亲的那句话：我能应付过去。

余生很贵，请勿浪费

你可以没有梦想，但至少能把握今天

你没必要为过去而懊悔，也没必要为未来而不安，最明智的做法就是做好今天该做的事情。

1871年春天，蒙特瑞综合医院的一个医学生偶然拿起一本书，看到了书上的一句话。就是这话，改变了这个年轻人的一生。它使这个原来只知道担心自己的期末考试成绩、自己将来的生活何去何从的年轻的医学院的学生，最后成为他那一代最有名的医学家。

他创建了举世闻名的约翰·霍昔金斯学院，被聘为牛津大学医学院的钦定讲座教授，还被英国国王册封为爵士。他死后，用厚达1466页的两大卷书才记述完他的一生。

他就是威廉·奥斯勒爵士，而下面，就是他在1871年看到的由汤冯士·卡莱里所写的那句话："人的一生最重要的不是期望模糊的未来，而是重视手边清楚的现在。"

威廉·奥斯勒爵士曾在耶鲁大学做了一场演讲。他告诉那些大学生，在别人眼里，曾经当过4年大学教授、写过一本畅销书的他，拥有的应该是"一个特殊的头脑"，可是，他的好朋友们都知道，他其实也是个普通人。他的一生得益于那句话："人的一生最重要的不是期望模糊的未来，而是重视手边清楚的现在。"

很久以前，曾经有两位哲人游说于穷乡僻壤之中，对前来听教的人说了一句流传千古的话："不要为明天的事烦恼。明天自有明天的事，只要全力以赴地过好今天就行了。"

许多人都觉得耶稣说过的这句话难以实行，他们认为为了明天的生活有保障，为了家人，为了将来出人头地，必须做好准备。

我们当然应该为明天制订计划，却完全没有必要担心。在美国，医院里半数以上的病床都被精神病人占据着，而这些人大多是因为不堪忍受生活的重负而精神崩溃的。可是，如果他们谨记箴言"不要为明天的事忧虑"，谨记威廉·奥斯勒的话"人只能生存在今天的房间里"，只活在今天，就能成为快乐的人，满意地度过一生。

余生很贵，请勿浪费

第六章

别让执着，成了余生的蹉跎

挥别错的，才能和对的相逢

地图上的路有千百条，但你找不到一条始终笔直平坦的路。人生的道路也是这样，充满崎岖坎坷。如果你想选择一条始终笔直平坦的路，那你将无路可走。

生活是曲折漫长的征途——既有荒凉的大漠，也有深幽的峡谷；既有横亘的高山，也有断路的激流。只有矢志不渝地前进，才能赢得光辉的未来；只有顽强不息地攀越，才能登上理想的巅峰。

人生道路，就是这么不平坦，坑坑洼洼、曲曲折折——既有得意者的欢欣，也有失败者的泪水；既有顺利时的喜悦，又有受挫时的苦恼。正由于人生像条曲线，生命才变得充实而有意义。当一个人走完了自己的坎坷旅程，蓦然回首时，他定会为自己留下的曲折而执着的印迹而欣慰，对大千世界报以满意的一瞥……人生的曲线，给人信心，给人希望，激人奋进，展示了人类奋斗的力量和生命的美。的确，既然人生是一条曲线，我们畏头缩颈又有何用？倒不如昂起头来，大踏步前进。

地图上的路有千百条，但每一条路都只能走向一个既定的目标。一个人，不可能同时向南又向北。路只能一步一步地走，目标只能一个一个地实现。你如果什么都想要，最终便什么也得不

余生很贵，请勿浪费

到。太多的幻想，往往使人不知如何选择。当你还在举棋不定时，别人或许已经到达目的地了。

托尔斯泰说："人生的目标是指路的明灯。没有人生目标，就没有坚定的方向；而没有方向，就没有生活。"在人生的竞赛场上，无论一个多么优秀、素质多么好的人，如果没有确立一个鲜明的人生目标，也很难取得事业上的成功。许多人并不乏信心、能力、智力，只是没有确立目标或没有选准目标，所以没有走上成功的道路。这道理很简单，正如一位百发百中的神射击手，如果他漫无目标地乱射，也不会在比赛中获胜。

人生地图上的路有千百条，选择什么样的路，当量力而行。要学会选择，学会审时度势，学会扬长避短。只有量力而行的睿智选择才会拥有更辉煌的成功。"成名成家"固然风光，但绝不是每一个人都可以实现，"心想事成"只不过是美好的愿望。有信心是重要的，虽然有信心不一定会赢，但没信心却一定会输。人生的学问，其实就是"量需而行，量力而行"。要想获得快乐的人生，最好不要一味地行色匆匆，不妨停下脚步，暂时休息一会儿，想一想自己需要什么、需要多少。想一想有没有这样的情况：有些东西明明是需要的，你却误以为自己不需要；有些东西明明不需要，你却误以为自己需要；有些东西明明需要得不多，你却误以为需要很多；有些东西明明需要很多，你却误以为需要极少……

一张地图，一次人生，二者何其像也！

那些你失去的东西，让你走得更远

执着地对待生活，紧紧地把握生活，但又不能抓得过死，松不开手。人生这枚硬币，其反面正是那悖论的另一要旨：我们必须接受"失去"，学会放弃。

对擅长享受简单和快乐的人来说，人生的心态只在于进退适时、取舍得当。

因为生活本身即是一种悖论：一方面，它让我们依恋生活的馈赠；另一方面，又注定了我们对这些礼物最终的舍弃。正如先师们所说：人生在世，紧握拳头而来，平摊两手而去。

有一位住在深山里的农民，经常感到环境艰险，难以生活，于是便四处寻找致富的方法。

一天，一位从外地来的商贩给他带来了一样东西，尽管在阳光下看起来那只是一粒粒不起眼的种子。但据商贩讲，这不是一般的种子，而是一种叫作"苹果"的水果的种子，只要将其种在土壤里，两年以后，就能长成一棵棵苹果树，结出数不清的果实，拿到集市上，可以卖好多钱呢！

欣喜之余，农民急忙将苹果种子小心收好，但脑海里随即涌现出一个问题。

既然苹果这么值钱、这么好，会不会被别人偷走呢？于是，

　　生活中，一扇门如果关上了，必定有另一扇门打开。失去了某些东西，必然会在其他地方有所收获。关键是，你要有乐观的心态，相信有失必有得。正确对待失去，有时失去也就是另一种获得。

他特意选择了一块荒僻的山野来种植这种颇为珍贵的果树。

经过近两年的辛苦耕作，浇水施肥，小小的种子终于长成了一棵棵苗壮的果树，并且结出了累累的硕果。

这位农民看在眼里，喜在心中。因为缺乏种子，果树的数量还比较少，但结出的果实肯定可以让自己过上好一点儿的生活。

他特意选了一个吉祥的日子，准备在这一天摘下成熟的苹果挑到集市上卖个好价钱。

当这一天到来时，他非常高兴，一大早，他便上路了。

但当他气喘吁吁爬上山顶时，心里猛然一惊，那一片红灿灿的果实，竟然被飞鸟和野兽们吃个精光，只剩下满地的果核。

想到这几年的辛苦劳作和热切期望，他不禁伤心欲绝，大哭起来。他的财富梦就这样破灭了。

在随后的岁月里，他的生活仍然艰苦，只能苦苦支撑下去，一天一天地熬日子。

不知不觉之间，几年的光阴如流水一般逝去。

一天，他偶然又来到了这片山野。当他爬上山顶后，突然愣住了。因为在他面前出现了一大片茂盛的苹果林，树上结满了累累的果实。

这是谁种的呢？在疑惑不解中，他思索了好一会儿才找到了一个出乎意料的答案。

这一大片苹果林都是他自己种的。

几年前，当那些飞鸟和野兽在吃完苹果后，就将果核吐在了

 余生很贵，请勿浪费

地上，经过几年的生长，果核里的种子慢慢发芽生长，终于长成了一片更加茂盛的苹果林。

现在，这位农民再也不用为生活发愁了，这一大片林子中的苹果足可以让他过上温饱的生活。

他转念一想，如果当年不是那些飞鸟和野兽们吃掉了这小片苹果树上的苹果，今天肯定没有这样一大片果林了。

人生没有什么不可放下

人就是这样，总是希望有所得，以为拥有的东西越多，自己就会越快乐。所以，这就迫使我们不停地追寻，不停地奔波。可是，有一天，我们忽然惊觉：我们忧郁、无聊、困惑、无奈……我们失去了快乐，其实，我们之所以不快乐，是我们渴望拥有的东西太多了，欲望的负累让我们迷失了自己。

懂得放弃才有快乐，背着包袱走路总是很辛苦。中国历史上，"魏晋风度"常受到称颂，魏晋人士不同于佛、老子、孔子，在入世的生活里，又有一分出世的心情，说到底，是一种不把心思凝结在一个死结上的心态。

我们在生活中，时刻都在取与舍中选择，我们又总是渴望取，渴望占有，常常忽略了舍，忽略了占有的反面：放弃。懂得了放弃的真意，也就理解了"失之东隅，收之桑榆"的妙谛。多一点中和的思想，静观万物，体会与世界一样博大的诗意，我们自然会懂得适时地放弃，这正是我们获得内心平衡，获得快乐的好方法。

每个人都有不同的发展道路，有着人生无数次的抉择。当机会接踵而来时，只有那些树立远大人生目标的人，才能作出正确的取舍，把握自己的命运。

余生很贵，请勿浪费

树立了远大目标，面对人生的重大选择就有了明确的衡量准绳。孟子曰："舍生取义。"这是他的选择标准，也是他人生的追求目标。

　　著名诗人李白曾有过"仰天大笑出门去，我辈岂是蓬蒿人"的名句，潇洒傲岸之中，透出自己建功立业的豪情壮志。凭借生花妙笔，他很快名扬天下，荣登翰林学士这一古代文人梦寐以求的事业巅峰。

　　但是一段时间之后，他发现自己不过是替皇上点缀升平的御用文人。这时的李白就面临一个选择，是继续安享荣华富贵，还是走向江湖穷困潦倒呢？以自己的追求目标作衡量标准，李白毅然选择了"安能摧眉折腰事权贵，使我不得开心颜"，弃官而去。

　　一些看似无谓的选择，其实是奠定我们一生重大抉择的基础，古人云："不积跬步，无以至千里；不积小流，无以成江海。"无论多么远大的理想、伟大的事业，都必须从小处做起，从平凡处做起，所以对于看似琐碎的选择，也要慎重对待，考虑选择的结果是否有益于自己树立的远大目标。

　　有这样一则故事：一只老鹰被人锁着。它见到一只小鸟唱着歌儿从它身旁掠过，想到自己……于是它用尽全身的力量，挣脱了锁链，可它也挣折了自己的翅膀。

　　它用折断的翅膀飞翔，没飞几步，它那血淋淋的身躯还是不得不栽落在地上。

　　老鹰向往小鸟的自由，挣脱了锁链，却牺牲了自己的翅膀。

自由如果要以牺牲自己的翅膀为代价，实际上也就牺牲了自由。

　　放弃，对每一个人来说，都有一个痛苦的过程，因为放弃意味着永远不再拥有，但是，不会放弃，想拥有一切，最终你将一无所有。如果你不放弃都市的繁华，就无法享受花前月下的静谧……生活给予我们每个人的都是一座丰富的宝库，但你必须学会放弃，选择适合你自己的，否则，生命将难以承受！

余生很贵，请勿浪费

能改变时用尽全力，不能改变时坦然接受

人们习惯于对爬上高山之巅的人顶礼膜拜，实际上，能够及时主动从光环中隐退的下山者也是"英雄"。

有多少人把"隐退"当成"失败"。曾经有过非常多的例子显示，对于那些惯于享受欢呼与掌声的人而言，一旦从高空中掉落下来，就像是艺人失掉了舞台，将军失掉了战场，往往因为一时难以适应，而自陷于绝望的谷底。

心理专家分析，一个人若是能在适当的时间选择作短暂的隐退（不论是自愿还是被迫），都是一个很好的转机，因为它能让你留出时间观察和思考，使你在独处的时候找到自己内在真正的世界。

唯有离开自己当主角的舞台，才能防止自我膨胀。虽然，失去掌声令人惋惜，但从长远来看，心理专家认为，"隐退"就是进行深层学习，一方面韬光养晦，一方面重新上发条，平衡日后的生活。

当你志得意满的时候，是很难想象没有掌声的日子的。但如果你要一辈子获得持久的掌声，就要懂得享受"隐退"。

作家班塞说过一段令人印象深刻的话："在其位的时候，总觉得什么都不能舍，一旦真的舍了之后，又发现好像什么都可以

舍。"曾经做过杂志主编,翻译出版过许多知名畅销书的班塞,在40岁事业最巅峰的时候退下来,选择当个自由人,重新思考人生的出路。

40岁那年,欧文从人事经理被提升为总经理。3年后,他自动"开除"自己,舍弃堂堂"总经理"的头衔,改任没有实权的顾问。

正值人生最巅峰的阶段,欧文却奋勇地从急流中跳出,他的说法是:"我不是退休,而是转进。"

"总经理"3个字对多数人而言,代表着财富、地位,是事业身份的象征。

然而,短短3年的总经理生涯,令欧文感触颇深的,却是诸多的"无可奈何"与"不得而为"。

他全面地打量自己,他的工作确实让他过得很光鲜,周围想

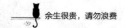
余生很贵,请勿浪费

巴结自己的人更是不在少数，然而，除了让他每天疲于奔命，穷于应付之外，他其实活得并不开心。这个想法，促使他决定辞职，"人要回到原点，才能更轻松自在。"他说。

辞职以后，司机、车子一并还给公司，应酬也减到最低。不当总经理的欧文，感觉时间突然多了起来，他把大半的精力拿来写作，抒发自己在广告领域多年的观察与心得。

"我很想试试看，人生是不是还有别的路可走。"他笃定地说。

事实上，欧文在写作上很有天分，而且多年的职场经历让他积累了大量的素材。现在欧文已经是某知名杂志的专栏作家，期间还完成了两本管理学著作，欧文迎来了他的第二个人生辉煌。

事实上，"隐退"只是转移阵地，或者是为了下一场战役储备新的能量。但是，很多人认不清这点，反而一直缅怀着过去的光荣，他们始终难以忘情"我曾经如何如何"，不甘于从此做个默默无闻的小人物。走下山来，你同样可以创造辉煌，同样是个大英雄！

你现在很好，因为你懂得放弃

放弃是为了更好地得到，在放弃中进行新一轮进取，你所得到的比失去的更可贵。

成立于 1881 年的日本钟表企业精工舍，是一家世界闻名的大企业。它生产的石英表、"精工·拉萨尔"金表远销世界各地，其手表的销售量长期位于世界第一的位置。它能取得这样的成功，全取决于其第三任总经理服部正次的放弃战略。

1945 年，服部正次就任精工舍第三任总经理。当时的日本还处在战争过后的满目疮痍中。精工舍步子疲惫，征尘未洗。而这时，有"钟表王国"之称的瑞士，由于没有受到"二战"的破坏影响，其手表一下子占据了钟表行业的主要市场。精工舍面临着巨大的生存危机！

服部正次并没被困难所吓倒，他沉着冷静，制定了"不着急，不停步"的战略，着重从质量上下手，开始了赶超钟表王国的步伐。10 多年过去了，服部正次带领的精工舍取得了长足的进展，但仍然无法与瑞士表分庭抗礼。整个 20 世纪 60 年代，瑞士年产各类钟表 1 亿只左右，行销世界 150 多个国家和地区，世界市场的占有额也达到了 50% ~ 80%。有"表中之王"美誉的劳力士和浪琴、欧米茄、天梭等瑞士名贵手表，依然是各国达官贵人、富商巨贾等财富地位的象征。无论精工舍在质量上怎样下功夫，都无法赶上瑞士表！

怎么办？是继续寻求质量上的突破，还是另走他径？服部正次思量着。他认识到，要想在质量上超过有深厚制表传统的瑞士，那简直是不可能的。服部正次认为精工舍该换个活法了，他要带领精工舍另走新路。经过慎重的思考，服部正次决定放弃在机械表制造上和瑞士表的较劲，转而在新产品的开发上做文章。

经过几年的努力，服部正次带领他的科研人员成功地研制出了一种新产品——石英电子表！与机械表相比，石英表的最大优势就是走时准确。表中之王的劳力士月误差在 100 秒左右，而石英表的误差却不超过 15 秒。1970 年，石英电子表开始投放市场，立即引起了钟表界和整个世界的轰动。到 20 世纪 70 年代后期，精工舍的手表销售量就跃居到了世界首位。

在电子表市场牢牢站稳了脚跟后，1980 年，精工舍收购了瑞士以制作高级钟表著称的"珍妮·拉萨尔"公司，转而向机械表王国发起了进攻。不久，以钻石、黄金为主要材料的高级"精工·拉萨尔"表一投放市场，就得到了消费者的认可，成为人们心中高质量、高品质的象征！

现代社会似乎给我们描绘了一幅幅风和日丽、欣欣向荣的财富画卷，而一个个诗情画意、神乎其神的成功的故事，则更令我们神往。于是，在众多的诱惑面前，太多的人忘却了理性的分析和选择，忘却了放弃，而任凭欲望的野马纵横驰骋。殊不知，"放弃"是一种战略智慧。学会了放弃，你也就学会了争取。

世界上总有一些你蹚不过去的河，强过不如绕过

一个初学打猎的年轻人跟着自己的师父一同到山里去打猎。

没走多远就发现了两只兔子从树林里蹿了出来，年轻猎人很快就取出自己的猎枪。两只兔子向不同的方向跑去，年轻猎人一下子不知道该向哪只兔子瞄准了，想打这只兔子，又怕那只兔子跑了，猎枪一会儿瞄准这只，一会儿又瞄准那只，就这样瞄来瞄去，结果兔子不见了踪影。年轻猎人感到十分气恼。

他的师父安慰他说："两只兔子向不同的方向跑，你的枪再快，也不可能同时射中两只呀。关键是你一定要选择好目标，这样你就不会空手而归了。"

人生有许多东西值得我们去奋斗、去追求，但并不是所有的东西我们都可以同时得到。

当鱼和熊掌不可兼得的时候，你必须当机立断，抓住时机，马上出击。常言道："一鸟在手，胜过双鸟在林。"当机遇出现在你面前时，千万不要犹豫，因为机遇稍纵即逝。倘若瞻前顾后，患得患失，只会使你与成功擦肩而过。

人生是一部选择的历史。

从我们来到这个世界，就在不停地进行着各种各样的选择。在选择中我们作出取舍，在放弃中我们走向成熟。在你呱呱坠地

　　放弃，虽然意味着某种失去，意味着难言的割舍，但是，放弃也正是为了前方路上更美的相遇，为了明天更加宝贵的撷取。

时，你就选择了声音，放弃了沉默。当你第一次背上书包，跨进学校的大门，你就选择了知识，抛弃了愚昧无知。当你与一见钟情的他（她）相遇后，更是反复经受着选择的折磨。大学毕业后，是继续深造，还是参加工作？你需要选择；是留在父母身边，还是去异地发展？你需要选择；是留在国内深造，还是出国求学？你无时不在选择中！

生命是有限的，你无法实现所有的梦想，无法满足所有的欲望。所以我们必须作出各种选择，将我们有限的生命充分地利用起来，将有限的精力集中投入到自己最美好的人生奋斗目标中。这样，即使你会失去很多——那也是不可避免的——但你已为自己的人生目标奋斗过，才不算枉过此生。

生活中，如果你想过得比别人好，你就必须学会选择。必须具备这样的品质，那就是你对人生目标选择的明确性，知道自己需要什么，并且迫切渴望达到这一目的。对目标游移不定，只会让你前功尽弃、一无所获。

记住老猎人的话吧，永远别在徘徊中错失良机。

离开往往是拥有的最后一步

谁说喜欢一样东西就一定要得到它？有时候，有些人，为了得到喜欢的东西，殚精竭虑，费尽心机，更有甚者，可能会不择手段，以致走向极端。

也许他得到了他喜欢的东西，但是在他追逐的过程中，失去的东西也无法计算，他付出的代价是其得到的东西所无法弥补的。

也许那代价是沉重的，是我们无法承受的，直到最后，他才发现，其实喜欢一样东西，不一定要得到它。

真正的爱情不是占有，而是无私地付出，是时刻为对方着想。

这是一个现代都市里的浪漫爱情故事。他得了绝症，她辞掉了自己的工作，专心在医院里照顾他。他们纯洁的恋情打动了所有的人。

整整两年，他的病友换了一个又一个，有的康复出院，有的进了太平间。

而小伙子的病情不见好转也不见恶化。终于有一天，医生告诉他们一个沉痛的消息：小伙子的生命挺不过这一周了。女孩儿痛哭失声，小伙子却长舒了一口气。报社的记者们知道了这个感人的故事也匆忙赶来了。

记者们提出给两个人拍一张照，女孩儿拢了拢自己的头发，准备配合记者拍照，小伙子却拦住了："还是不要拍了吧？"

"为什么？"

"将来她还要嫁人呢！我不想影响她以后正常的生活。"

她扑进他怀里失声痛哭。

第二天报纸上登出的是女孩的侧面照，一张美丽得让人心碎的侧影。

喜欢一样东西，就要学会欣赏它，珍惜它，使它更弥足珍贵。

喜欢一个人，就要让他快乐，让他幸福，使那份感情更诚挚。

一位父亲聊他儿子目前的状况，他的儿子才 18 岁，却理直气壮地告诉父亲他爱上了一个女孩，甚至可以为那个女孩而放弃上大学的机会。父亲说，他的心当时真的被揪紧了。父亲告诉他儿子："男子汉要有责任心，你爱她，但你有能力对她的将来负责吗？知道吗？有时正因为爱，所以才要放弃。不适时的爱有时会成为一种伤害。"

男孩的执着和忠贞以及血气方刚令人感动，但爱情有许多现实因素的干扰，站在青春的门口你要学会理智。

学会放弃吧。学会放弃，在落泪以前转身离去，留下简单的背影；学会放弃，将昨天埋在心底，留下最美的回忆；学会放弃，让彼此都能有个更轻松的开始，遍体鳞伤的爱并不一定就刻骨铭心。

这一程，情深缘浅，走到今天，已经不容易，轻轻地抽出手，说声再见，真的很感谢，这一路上有你。曾说过爱你的，今天，

仍是爱你，只是，爱你，却不能与你在一起。一如爱那原野的火百合，爱它，却不能携它归去。

渴望得太多，反而会有许多的烦恼。其实，生活并不需要这些无谓的执着，没有什么真的不能割舍。你要想生活得轻松，就要学会放弃。

为了以后的幸福，为了以后的事业，学会放手，前方的风景更迷人。

与其蹉跎岁月，不如早一点放手

不要以为自己了不起，不要认为自己现在有令人垂涎的待遇和足以自豪、炫耀的地位就可以目空一切，你的虚架子搭得越高，就可能摔得越重。

都柏公司是美国一家著名的制造企业，技术先进，实力雄厚，是业内的佼佼者。许多人毕业后到该公司求职遭拒绝，原因很简单，该公司的高技术人员爆满，不再需要各种高技术人才。但是令人垂涎的待遇和足以自豪、炫耀的地位仍然向那些有志的求职者闪烁着诱人的光环。

罗伯特和许多人的命运一样，在该公司每年一次的用人测试会上被拒绝申请，其实这时的用人测试会已经是徒有虚名了。罗伯特并没有死心，他发誓一定要进入都柏公司。于是他采取了一个特殊的策略——假装自己一无所长。

他先找到公司人事部，提出为该公司无偿提供劳动力，请求公司分派给他工作，他将不计任何报酬来完成。公司起初觉得这简直不可思议，但考虑到不用任何花费，也用不着操心，于是便分派他去打扫车间里的废铁屑。一年来，罗伯特勤勤恳恳地重复着这种简单却劳累的工作。为了糊口，下班后他还要去酒吧打工。这样虽然得到老板及工人们的好感，但是仍然没有一个人提到录用他的问题。

1990年初，公司的许多订单纷纷被退回，理由均是产品质量有问题，为此公司将蒙受巨大的损失。公司董事会为了挽救颓势，紧急召开会议商议解决，当会议进行了一大半却尚未见眉目时，罗伯特闯入会议室，提出要直接见总经理。

在会上，罗伯特把他对这一问题出现的原因作了令人信服的解释，并且就工程技术上的问题提出了自己的看法，随后拿出了自己对产品的改造设计图。这个设计非常先进，恰到好处地保留了原来机械的优点，同时克服了目前的弊病。

总经理及董事会的董事见到这个编外清洁工如此精明在行，便询问他的背景以及现状。罗伯特面对公司的最高决策者们，将自己的意图和盘托出，经董事会举手表决，罗伯特当即被聘为公司负责生产技术问题的副总经理。

原来，罗伯特在做清扫工时，利用清扫工到处走动的特点，细心察看了整个公司各部门的生产情况，并一一作了详细记录，发现了所存在的技术性问题并想出解决的办法。为此，他花了近一年的时间搞设计，做了大量的数据统计，为最后一展雄姿奠定了基础。

在刚进入社会的时候，不妨放下架子，虚心从基层干起。有所失必有所得，只有放得下，才能拿得起，舍不得放下自己的虚架子、放下自以为是的成绩，怎么能得到别人的赏识呢？

生活可以告一段落，但不会结束

曾为英国首相的劳合·乔治有一个习惯——随手关上身后的门。一天，有一个朋友来拜访他，两个人在院子里一边散步，一边交谈，他们每经过一扇门，乔治总是随手把门关上。

朋友很是纳闷，不解地问乔治："有必要把这些门都关上吗？"乔治微笑着回答："哦，当然有这个必要。我这一生都在关我身后的门，这是必须做的事。当你关门时，也就是把过去的一切留在了后面，不管是美好的成就，还是让人懊恼的失误，然后，你才可能重新开始。"

把过去的一切关在身后，也就是卸下身心上的包袱，这样才会更好地重新开始新的生活，这个问题却往往被我们所忽略。大多数人总是习惯于让过去的事情，无论成功或喜悦，无论失败或烦恼，挤占在脑海里不忍抛弃，结果使身心负载过重，浪费了精力，影响了事业的发展。所以，你应该试着学会经常把身后的门关上，把过去的一切留在身后。

关上身后的门，并不是把你过去的经验和教训也关在身后，这些都是你人生的宝贵财富。你应把它们潜移默化地融化到你的血液里，让它变成一种本能，成为一种习惯，这样更有利于你奔向成功。

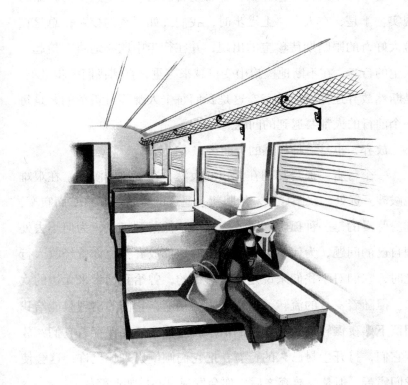

　　人生不可避免有缺憾，你怎样面对呢？逃避不一定躲得过，面对不一定最难受；孤单不一定不快乐，得到不一定能长久；失去不一定不再有，转身不一定最软弱。别急着说别无选择，别以为世上只有对与错，许多事情的答案都不是只有一个。换个角度，也许有另外的收获。

不为已经失去的悲伤，这是一种智慧！

每个人来到这个世界上，都希望自己的美好梦想变为绚丽的现实。于是，在人生路上漫步时，我们犹如天真的孩童，总是在瞪大好奇的眼睛期待珍宝的出现，并在行走中欣喜地将它拾起。人生的行囊，在不断地捡拾中变得越来越重，直到我们举步维艰。是断然放弃还是继续珍藏？这是我们每个人都不可避免的，是每一个前行的人都要遇到的问题。

放弃，也是一种伤感的美丽……

一个行者，孤身踯躅在无边的大漠，迎着风沙漫漫，在艰难地跋涉。远处，残阳如血。抬眼望，遥远的一线天际空旷而寂寥，周身弥漫的是一种孤苦和凄凉。当情绪低落到极点，为何不去处理自己的问题，为何不去把行囊中的抑郁放弃？也许曾经收入行囊时，它们对于我们来说是值得珍视的，曾给我们带来无边的欢快。但随着岁月的流转，随着光阴的飞逝，它们的出现只能给我们留下黑夜辗转难眠时无声的泪水，为什么还要保存着它们？放弃它们，打开尘封已久的行囊，把它们倾倒出来！也许，这会使我们痛苦，但是，放弃之后，你会发现，心情如此轻松。

不翻篇，你永远不会知道下一章写得更好

没有一个人是没有过失的，如果有了过失能够决心去修正，即使不能完全改正，只要继续不断地努力下去，也是好的。徒有感伤而不做切实的补救工作，是最要不得的！

哈蒙是一位商人，四处旅行，忙忙碌碌。当与全家人共度周末时，他非常高兴。他年迈的双亲住的地方，离他的家只有一个小时的路程。哈蒙也非常清楚自己的父母是多么希望见到他和他的全家人。但他总是寻找借口尽可能不到父母那里去，最后几乎发展到与父母断绝往来的地步。不久，他的父亲死了，哈蒙好几个月都陷于内疚之中，回想起父亲曾为自己做过的所有好事情。他埋怨自己在父亲有生之年未能尽孝心。在最初的悲痛平定下来后，哈蒙意识到，再大的内疚也无法使父亲死而复生。认识到自己的过错之后，他改变了以往的做法，常常带着全家人去看望母亲，并一直同母亲保持密切的电话联系。

大家再看一下赫莉的故事。

赫莉的母亲很早便守寡，她勤奋工作，以便让赫莉能穿上好衣服，在城里较好的地区住上令人满意的公寓，能参加夏令营，上名牌大学。赫莉的母亲为女儿牺牲了一切。当赫莉大学毕业后，找到了一个报酬较高的工作。她打算独自搬到一个小型公寓去，

公寓离母亲的住处不远，但人们纷纷劝她不要搬，因为母亲为她做出了那么大的牺牲，现在她撇下母亲不管是不对的。赫莉感到有些内疚，并同意与母亲住在一起。后来她看上了一个青年男子，但她母亲不赞成她与他交朋友，强有力的内疚感再一次作用于赫莉。几年后，为内疚感所奴役的赫莉，完全处于她母亲的控制之下。而到最终，她又因负疚感造成的压抑毁了自己，并为生活中的每一个失败而责怪自己和自己的母亲。

当然，处在某种情境之下，我们的头脑会被外在因素所控制而不再清醒，不自觉地陷在内疚的泥潭里无法自拔。这时候既需要有人当头棒喝，更需要自己毅然决然作出选择。

第七章

愿后来的时光都与你有关

爱情这种免费的东西，其实很贵

亲情、友情和爱情是每一个人一生都要面对的三大课题，经历了亲情、友情和爱情之后的人生才完整。除了亲情之外，人们，尤其是年轻人，总是对爱情和友情之间的界限难以把握。青春期又是一个身体和心理双重发展的时期，如果对于友情和爱情处理不好，会影响到今后的生活甚至是一生的幸福。

一个充满稚气的大男孩里查，与一个同样充满稚气的大女孩安妮玩得很好，两人感情很融洽。

"你们在相爱！"旁人评论说。

"是吗？我们在相爱吗？"他们问别人，也问自己。是的，他们弄不清自己是在与对方相爱，还是在与对方享受朋友间的友谊。

于是，他们去问智者。

"告诉我们友谊与爱情的区别吧！"他们恳求道。

智者含笑看着两个年轻人，说道：

"你们给我出了一个最难解的难题。爱情和友谊像一对性格迥异的孪生姊妹，它们既相同，又不同。有时，它们很容易区分，有时却无法辨别……"

"请举例说明吧！"大男孩和大女孩说。

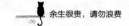 余生很贵，请勿浪费

爱是生命的源泉。因为有了爱情，人生才被装点得更加丰富多彩。

"它们都是人间最美好、最温馨的情感。当它们给人们带来美，带来善，带来快乐时，它们无法区别；当它们遇到麻烦和波折时，反映就大不相同了。"

"比如……"男孩和女孩问。

"比如，爱情说：你是属于我一个人的；友谊却说：除了我，你还可以有她和他。

"友谊来了，你会说：请坐请坐；爱情来了，你会拥抱着她，什么也不说。

"爱情的利刃伤了你时，你的心一边流血，你的眼却渴望着她；友谊锋芒刺痛了你时，你会转身而去，拔去芒刺，不再理她。

"友谊远行时，你会笑着说：祝你一路平安！爱情远行时，你会哭着说：请你不要忘了我。

　　"爱情对你说：我有时是奔涌的波涛，有时是一江春水，有时又像凝结的冰；友谊对你说：我永远是艳阳照耀下的一江春水。

　　"当你与爱情被逼至绝路时，你会说：让我们一起拥抱死亡吧；当你与友谊被逼得走投无路时，你会说：让我们各自找条生路吧。

　　"当爱情遗弃了你时，你可能大醉三天，大哭三天，又大笑三天；当友谊离你而去时，你可能叹一天气，喝一天茶，又花一天的时间去寻找新的友谊。

　　"当爱情死亡时，你会跪在她的遗体边说，我其实已经同你一起死了；当友谊死亡时，你会默默地为她献上一个花圈，把她的名字刻在你的心碑上，悄然而去……"

　　大男孩和大女孩听后相视而笑，他们互相问道：

　　"当我远行时，你是笑呢还是哭？"

　　看了这段小故事，你真正明白了什么叫爱情、什么叫友情了吗？或许，懂得爱情并不是一件难事：当爱情悄然而至的时候，你自然就会明白你在爱了。或许，真正懂得爱情，也不是一件容易的事：有好多人一生都不明白什么叫爱情；只是在爱情默然离开的时候，捶胸顿足，扼腕叹息。对于友谊和爱情，每个人都有自己的区分尺度。但是，不管怎样，有一点是可以肯定的，爱情总是较友谊更为炽烈，更为专一，更为投入。当你发现自己真爱上一个人时，你的心里便不再容纳其他，而当他的爱逝去，你会觉得失去的是整个世界，爱情更多的时候是作为人生的意义而存在的。

　　人总会依次经历亲情、友情和爱情，从而逐渐走向成熟和完整。而爱情正是从友情到亲情的过渡阶段。因为爱情，本来不相干的人，成为一路牵手的人生伴侣，有了血缘的交融、爱情的结晶，成为亲人。正因为如此，爱情才伟大，才需要我们每个人用心去经营，认真地对待。

希望你爱得简单，有面包也懂浪漫

爱情是一种浪漫的体验。这种体验使任何事物在恋爱者的眼中，都是一种美好。爱情中不能没有浪漫，没有浪漫也就没有了爱情，爱情建立在双方因相互的好感而出现的良好氛围之上；然而，爱情的浪漫毕竟只是一种主观的、很缥缈的东西，总是依赖于现存的事情上，没有现实做基础的爱情也是不牢固的，总有一天泡沫破了，梦也就醒了。

一对情侣结伴到山里去露营。晚上睡觉的时候，一个人问另一个人："你看到什么呀？"另一个人回答："我看到满天的星星，深深感觉到宇宙的浩瀚，造物主的伟大，我们的生命是多么的渺小和短暂……那你又看到什么了？"

那个先开口说话的人冷冷地道："我看见有人把我们的帐篷偷走了。"

只顾精神的纯浪漫主义者，他们的生活很可能会过得很寒酸；而完全埋头于实际事务中没有想象力的现实主义者，他们的生活又是多么枯燥乏味。生活需要的是二者的适度结合。

其实，真正的爱情，既不缺乏物质基础，又会让人感到精神满足。在爱情中，女孩往往比男孩更容易感情用事，更倾向于追求浪漫的情节而忽视现实因素。

余生很贵，请勿浪费

"浪漫"和"现实"是一对恋人，他们两人如漆似胶地相爱着，真可以说是一日不见，如隔三秋。

　　一次，为了考察"现实"对自己的忠诚程度，"浪漫"问："你到底爱不爱我？"

　　"十二分地爱你！""现实"回答。

　　"那假设我去世了，你会不会跟我一起走？"

　　"我想不会。"

　　"如果我这就去了，你会怎样？"

　　"我会好好活着！"

　　"浪漫"心灰意冷，深感"现实"靠不住，一气之下和"现实"分开了，去远方寻觅真爱。

　　"浪漫"首先遇到了"甜言"，接着又碰见"蜜语"，相处一年半载后，均感不合心意。过烦了流浪的日子，"浪漫"通过比较，觉得"现实"还是多少出色一些，就又来到"现实"面前。

　　此时，"现实"已重病在床，奄奄一息。

　　"浪漫"痛心地问："你要是去世了，我该咋办呢？"

　　"现实"用最后一口气吐出一句话："你要好好活着！"

　　"浪漫"猛然醒悟。

　　看了上面的小故事，我们无法不为它所震撼。其实，真正的浪漫，来自对生活的真实面对，来自对爱人的真心付出。男孩不肯用虚华的甜言蜜语来欺骗女孩的感情，这正是发自心底的真爱，也是对女孩和自己人生的负责。

　　"我能想到最浪漫的事，就是和你一起慢慢变老；一路上收藏点点滴滴的往事，留到以后坐着摇椅慢慢聊……"人生短暂，几十载光阴，如梦般飘逝无痕，如果能和自己心爱的人，在余晖下，相依携手看天边的浮云，看飘零的枫叶，这何尝不是人世间最大的幸福呢？

　　真正的浪漫不是浅薄的、程式化的甜言蜜语，也不是死去活来的心灵激荡；它应该是一种切实的温馨与美好，是一种真正地、全心全意为对方着想的相互关爱。彼此携手，互相扶助，共同面对生活的风雨；以一颗浪漫美好的心，认真地生活——这才是爱情的真谛！

余生很贵，请勿浪费

若不珍惜，谁能许你未来

我们要懂得珍惜当下的幸福，不要等到失去了才追悔莫及，也不要把所有的希望都放在未来，这样我们才能及时品味到人生的乐趣。

从前，有一座圆音寺，每天都有许多人上香拜佛，香火很旺。在圆音寺庙前的横梁上有个蜘蛛结了张网，由于每天都受到香火和虔诚的祭拜的熏陶，蜘蛛便有了佛性。经过了一千多年的修炼，蜘蛛的佛性增加了不少。

忽然有一天，佛祖光临了圆音寺，看见这里香火甚旺，十分高兴。离开寺庙的时候不经意间看见了横梁上的蜘蛛。佛祖停下来，问这只蜘蛛："你我相见总算是有缘，我来问你个问题，看你修炼了这一千多年来，有什么真知灼见。"

蜘蛛遇见佛祖很是高兴，连忙答应了。佛祖问道："世间什么才是最珍贵的？"蜘蛛想了想，回答道："世间最珍贵的是'得不到'和'已失去'。"佛祖点了点头，离开了。

蜘蛛依旧在圆音寺的横梁上修炼。

有一天，刮起了大风，风将一滴甘露吹到了蜘蛛网上。蜘蛛望着甘露，见它晶莹透亮，很漂亮，顿生喜爱之意。蜘蛛看着甘露，它觉得这是它最开心的几天。突然，又刮起了一阵大风，将甘露吹走了，蜘蛛很难过。这时佛祖又来了，问蜘蛛："蜘蛛，世间什么才是最珍贵的？"蜘蛛想到了甘露，对佛祖说："世间最珍贵的是'得不到'和'已失去'。"佛祖说："好，既然你有这样的认识，我让你到人间走一趟吧。"

蜘蛛投胎到了一个官宦家庭，成了一个富家小姐，父母为她取了个名字叫蛛儿。一晃，蛛儿到了 16 岁，出落成了楚楚动人的少女。

这一日，皇帝决定在后花园为新科状元郎甘鹿举行庆功宴席。宴席上来了许多妙龄少女，包括蛛儿，还有皇帝的小公主长风。状元郎在席间表演诗词歌赋，大献才艺，在场的少女无一不被他所折服。但蛛儿一点也不紧张和吃醋，因为她知道，这是佛祖赐予她的姻缘。

过了些日子，蛛儿陪同母亲上香拜佛的时候，正好甘鹿也陪同母亲而来。上完香拜过佛，两位长辈在一边说话。蛛儿和甘鹿便来到走廊上聊天，蛛儿很开心，终于可以和喜欢的人在一起了，但是甘鹿并没有表现出对她的喜爱。蛛儿对甘鹿说："你难道不记得 16 年前圆音寺蜘蛛网上的事情了吗？"甘鹿很诧异，说："蛛儿姑娘，你很漂亮，也很讨人喜欢，但你的想象力未免太丰富了吧。"说罢，和母亲离开了。

几天后，皇帝下诏，命新科状元甘鹿和长风公主完婚，蛛儿和太子芝草完婚。这一消息对蛛儿如同晴天霹雳，她怎么也想不通，佛祖竟然这样对她。几日来，她不吃不喝，生命危在旦夕。

余生很贵，请勿浪费

太子芝草知道了，急忙赶来，扑倒在床边，对奄奄一息的蛛儿说道："那日，在后花园众姑娘中，我对你一见钟情，我苦求父皇，他才答应。如果你死了，那么我也就不活了。"

说着就拿起了宝剑准备自刎。

这时，佛祖来了，他对快要出壳的蛛儿的灵魂说："蜘蛛，你可曾想过，甘露（甘鹿）是风（长风公主）带来的，最后也是风将它带走的。甘鹿是属于长风公主的，他对你不过是生命中的一段插曲。而太子芝草是当年圆音寺门前的一棵小草，他看了你三千年，爱慕了你三千年，但你却从没有低下头看过它。蜘蛛，我再问你，世间什么才是最珍贵的？"蜘蛛一下子大彻大悟，她对佛祖说："世间最珍贵的不是'得不到'和'已失去'，而是现在能把握的幸福。"刚说完，佛祖就离开了，蛛儿的灵魂也回位了，她睁开眼睛，看到正要自刎的太子芝草，马上打落宝剑，和太子深情地抱在一起……

生活总是这样捉弄人，想要的得不到，不留恋的却偏偏徜徉身边。当那个"爱我的人"对我们还恋恋不舍的时候，我们以为这一切幸福都不会消失，我们理所当然地接受他们的爱，心里却在为"得不到"与"已失去"的黯然神伤。日子一天天地滑过，直到有一天那个"爱我的人"因失望而选择离开时，我们才蓦然惊醒：原来他（她）才是上天许给我的姻缘！因此要懂得珍惜眼前人。

陪伴还是占有，你真的会爱吗

旷世才女林徽因曾经与徐志摩有过一段恋情，但后来在梁启超的大力促成下，林徽因嫁给了梁启超的儿子梁思成，成就一段良缘。梁思成与林徽因在建筑上的许多见解都影响深远。但著名的哲学家、逻辑学家及教育家金岳霖，却为了林徽因终生未娶。

梁思成在林徽因死后续娶他的学生林洙，林洙在怀念金岳霖的文集里披露了一段故事：当时梁林夫妇住在总布胡同，金岳霖就住在后院，但另有旁门出入，平时走动得很勤快，就像一家人。1931年梁思成从外地回来，林徽因很沮丧地告诉他："我苦恼极了，因为我同时爱上了两个人，不知道怎么办才好！"梁思成非常震惊，内心有一种无法形容的痛苦，仿佛连血液都凝固了。他一夜无眠翻来覆去地想，他一方面觉得痛苦，一方面也很感谢林徽因的坦诚，她坦白而诚实得好像是个小妹妹有了麻烦向哥哥讨主意。他问自己，徽因到底和谁在一起会比较幸福。他虽然自知他在文学、艺术上有一定的修养，但金岳霖那哲学家的头脑，是自己及不上的。第二天，他告诉林徽因："你是自由的，如果你选择了老金，我祝愿你们永远幸福。"说着说着，两个人都哭了。后来林徽因将这些话转述给金岳霖，金岳霖回答："看来思成是真正爱你的，我不能伤害一个真正爱你的人，我应该退出。"

从此他们再不提这件事，三个人仍旧是好朋友，不但在学问上互相讨论，有时梁思成和林徽因吵架，也是金岳霖做仲裁，把他们弄不清楚的问题弄明白。

金岳霖再不动心，终生未娶，待林梁的儿女视如己出。

我们不禁对这两个男人博大的胸怀和洒脱的性情肃然起敬！他们是真正领悟了爱情的真谛：给爱人自由，尊重爱人的选择。当林徽因面临爱情的抉择时，两个男人都从他们的爱人和朋友的幸福出发，做出让步，让所爱的人真正快乐。而做出这样的选择需要何等的勇气！正如有所放弃就会有回报一样，梁思成的让步使他再次赢得了爱，金岳霖的让步使他们之间的友谊更加深厚、更加牢固。

我们即使做不到这两位先辈那样的洒脱，但我们也要学会如何去爱我们所爱的人。我们要学会在适当的时候放手，给对方以追求幸福的机会，同时也成全我们自己的幸福和快乐。因为，放手的同时，意想不到的快乐也会悄然降临。

对最喜欢的人，说最动听的话

爱情的美丽在于勇敢无畏的追求过程。如果你真的爱上了一个人，不要害怕拒绝，勇敢地去追求，只要曾经努力过，不管今后成功与否，你都不再留下遗憾。

荷兰足球明星克鲁伊夫曾 5 次被评为荷兰"足球先生"，3 次被评为欧洲"足球先生"。他风度翩翩，言谈举止十分优雅。他曾收到许多姑娘的情书，但他没有理会，因为他要在绿茵场上奔跑。一次，他收到一个用裘皮精装的日记本。每一页上都只有一个名字，他自己亲笔写的名字——克鲁伊夫。一直翻到最后才有一篇文章，那秀丽流畅的笔迹使克鲁伊夫惊诧不已，他一口气读完了它：

"……我已经看过你踢的 100 多场球，每一场都要求你签名，而且也得到了，我多么幸运啊！当然，对于拥有无数崇拜者的你来说，我是微不足道的一个，'爱是群星向天使的膜拜'，但我敢说，我是最有心计的一个，我多么希望你对我已经有一点印象啊……

"坦率地说，我爱你，这封信花了我整整一个星期，我曾经在月下彷徨，曾经在玫瑰园惆怅，也曾经在王子公园徘徊，好多次想迎着你，我毕竟才 19 岁，少女的羞涩仍不时漾上脸来，心中只有恐惧和向往……现在，爱神驱使我寄出了这个本子。

"……如果你不能接受我奉上的爱情，请把这个本子还给我，那上面'克鲁伊夫'的名字会给我破碎的心一半的慰藉，那另一半就是你，我多么想也得到那另一半啊……"

字里行间流露出的真挚感情，深深打动了克鲁伊夫，他终于留下了本子。一星期后，在王妃公园的马达卡亚塑像旁，克鲁伊夫和丹妮·考斯特尔相会了。21岁的世界足球明星和19岁的美丽姑娘一见钟情，遂定金石之盟。

"功夫不负有心人"，在追求爱情方面也是如此。在爱的旅程中，最可贵的精神就是执着。

心中有爱，却不懂得如何去追求爱，你只能在苦苦的等待中看着自己的爱悄悄溜走。被动，使你永远在等待。其实，在许多情况下，自卑是爱的第一大天敌。自卑的人就像一根受了潮的火柴，很难点燃幸福的火花。只有克服自卑，才能燃起心中爱情的烈焰。爱情之路上不需要犹豫与懦弱，需要勇气。

余生很贵，请勿浪费

别在最容易恋爱的日子谈你的孤独

犹豫和怯懦是爱情的天敌。年少的岁月不应有"后悔"这样的字眼，大方一点，勇气将助你前行，别让对方等待得太久，错过爱的季节后，连上帝也没有办法挽留爱情的脚步。

乔治在礼品店外徘徊良久，丽萨的生日即将来临，他想给自己心仪已久的女孩买个礼物，表达他对她的爱意。他终于鼓足勇气，迈进了那家装饰精美的小店，然而店中琳琅满目的礼品却都价格昂贵，囊中羞涩的他只能尴尬离开。

"买个'青草娃娃'吧，只要两元。"一位中年妇女迎面走过来。他看到她的篮子里满是"青草娃娃"，黑黑的眼睛、红红的嘴巴，很可爱，花布里面包着泥土，顶上撒着花草种子。

"你每天给它浇水，半个月以后，种子就会发芽，长出青青的草，很讨女孩子喜欢的。"妇女一个劲儿地怂恿他。于是他拿出攒了很久的钱，小心地递给了她。

回到宿舍，乔治把"青草娃娃"放在窗台上，每天用自己的茶杯浇水时，他都怀着虔诚的心祈祷：快点儿发芽吧，快点儿长出一片青草吧。

在丽萨的生日晚会上，她的追求者送来了许多礼物，有生日蛋糕，有高档时装，有芬芳的鲜花，甚至有人送了昂贵的首饰，

　　爱是一种缘分，缘分始于漫不经心的追寻，却经不起漫不经心的等待，它需要缘分两端的人去珍惜。时间带来了爱情，相信也能带来幸福，下次它从身边经过的时候，不要放开它的手。

摆在桌上，琳琅满目。

　　乔治也来了，两手空空地来了，他的"青草娃娃"没有发芽。

　　丽萨满怀期待地望着他，她其实早已注意到他灼热的目光，而且他的才学、他的气质都令她怦然心动。她等待着今天晚上他当众向她表白，这样她就可以幸福地挽住他的手臂，谢绝其他人的追求。

然而，乔治不敢迎接她的目光，在这一大堆豪华的礼物面前，他自惭形秽，如坐针毡，晚会还未结束，他就离开了。他甚至没有告别，就匆匆地走了，当然，他也没有看见她暗藏的幽怨和伤心。

他心灰意冷，再也没给"青草娃娃"浇水。

他暗暗发誓：等他将来有钱了，一定要给她买最昂贵的礼物。

放寒假了，大家都收拾行囊，准备回家。乔治突然发现窗台上有一片绿，仔细一看，"青草娃娃"真的长出了一片嫩绿的青草！压抑很久的思念，突然像这些青草一样蓬勃升起。

他想起了久未见面的丽萨，他把"青草娃娃"揣在怀里，飞也似的跑去找她。

他顾不上等车和坐电梯，一路飞跑。当他大汗淋漓地跑进她的宿舍，却是已经人去楼空！丽萨已经走了，别人告诉他，丽萨已经接受了一个男孩的追求。

他只觉得心里一下空荡荡的，他一直等待着欣赏"青草娃娃"的好时机，与所爱的女孩儿共赏这生命最甜美的一场盛宴。然而，好不容易等到"青草娃娃"发芽了，心爱的人却已去了远方。早知如此，应该在生日那天就送给她，两人一起浇灌这爱情的幼芽。

不是没你不行，而是有你更好

爱的真谛不是自私也不是约束，更不是占有，而是要让对方自由地飞翔。1853 年，作曲家布拉姆斯幸运地结识了舒曼夫妇。

舒曼非常赏识布拉姆斯的音乐天赋，并热情地向音乐界推荐了这位年仅 20 岁的后起之秀。

但不幸的是，半年后舒曼就因精神失常而被送进了疯人院。当时，舒曼的夫人克拉娜正怀着身孕，残酷的现实使她悲恸欲绝，难以接受。这时，布拉姆斯来到了克拉娜身边，诚心诚意地照顾她和孩子，还时常到疯人院看望恩师舒曼。

克拉娜是一位很有教养、品行高尚的钢琴家。在那段患难与共的日子里，布拉姆斯难以抗拒地深陷了，他最初对克拉娜的崇拜，竟渐渐转化成真挚的爱恋。尽管她大他 14 岁，而且已是 7 个孩子的母亲，但这些丝毫不能减弱他对她的痴情，爱恋的情感，毫不留情地深深将他包围；然而，他也清楚地知道，克拉娜永远不会响应这份深刻的情感，可是他仍不放弃，只求能够静静地陪伴、支持自己的所爱。

其实，克拉娜并非不知，但她始终克制着自己……布拉姆斯从克拉娜身上看到了自我克制的人性光辉，这样的克拉娜，让他更为恋慕，因此他决意成全。他将满腔的情意，投诸文字之中，

余生很贵，请勿浪费

不断地写情书给克拉娜，却始终一封也未寄出。他更把所有的爱恋都倾注在五线谱上，整整 20 年，他终于写成了《小调钢琴四重奏》，一座用 20 年生命和激情铸造的爱情丰碑！

爱的最高境界不是索取，而是真心希望对方获得幸福。如果仅仅将爱的定义等同于占有，那么就将爱庸俗化了。

故事中作曲家布拉姆斯对克拉娜炽烈的爱无处倾诉，他选择了将爱谱写成乐曲，这种人性的高尚也使得他的作品多了一份庄严的分量。

真爱一个人不是要得到他（她），或放置身边，而是内心为他（她）祈愿。如果不能在一起，就不要捅破这层纸，让美丽永驻心间。

爱是让生命不那么痛苦的东西

　　一家新开业的礼品店热闹了一阵后，慢慢地安静了下来。年轻的姑娘黛丝刚把凌乱的柜台整理好，一位 20 多岁的男青年进了店。他瘦瘦的脸颊，戴副近视镜。他冷冰冰的目光在店中搜索，最后落在窗边那只柜台里。黛丝顺着男青年的目光看去，见他正盯着一只绿色玻璃龟出神。

　　她走过去轻声问道："先生，你喜欢这只龟吗？我拿出来给您看。"

　　男青年似乎对看与不看并不在意，伸手把钱包掏出来，问道："多少钱一只？"

　　"20 元。"

　　青年不假思索地把钞票拍在柜台上。

　　面对黛丝递过来的乌龟，青年人眯起眼睛慢慢地欣赏着，脸上的肌肉时不时地抽动一下，继而一丝笑容勉强地跳了出来。他自言自语道："好，把它作为结婚礼物是再好不过了。"青年的脸兴奋得有点扭曲，两眼灼灼闪光。

　　黛丝在一旁细心地观察着青年，她对青年自言自语的那句话感到极大的震惊。虽然她刚刚离开校门不久，但她知道那种东西若出现在婚礼上，无疑是投下一枚重磅炸弹。黛丝表情平静地问道：“先生，结婚的礼物应当好好包装一下。”说完弯腰到柜台下找着什么。“真不巧，包装盒用完了。”女孩说道。

“那怎么行，明天一早我就要用的。”

黛丝忙说：“不要紧，您先到别处转一下，20分钟以后再来，我包装好了等您，保证让您满意。”

20分钟以后，青年如约取走了那盒包装得极精美的礼物，像战士奔赴战场一样，去参加他以前曾经深深爱过的一位姑娘的婚礼。

婚礼的第二天晚上，青年终于等到了姑娘打来的电话，当他听到那久违而又熟悉的声音时，双腿一软竟坐在了地板上。

这一天他度日如年，是在悔恨和自责中熬过的。他像一个等待法官宣判的罪人一样，等待着姑娘对他的怒斥。可他万万没想到，电话中传来的却是姑娘甜甜的道谢声：“我代表我的先生，感谢你参加我们的婚礼，尤其是你送来的那份礼物，更让我们爱不释手……”爱不释手？他简直不相信自己的耳朵，他不知道通话是怎么结束的。

青年度过了一个不眠之夜。清早，他来到礼品店，进门一眼就看见那只乌龟还躺在柜台里，此时他似乎明白了一切。

对青年的突然出现，黛丝的确感到有些意外。望着他那红肿的眼睛，黛丝发现里面已不再是那绝望的冷酷。青年嘴唇哆嗦了一下，似乎要说些什么。突然他走到黛丝面前深深地鞠了一躬，等他再抬头时，已是泪流满面。他哽咽地说道：“谢谢你，谢谢

你阻止我滑向那可怕的深渊。"

黛丝见青年已经明白了一切，从柜台里取出一个盒子，打开后交给了他，轻声说道："这才是你送去的真正礼物。"原来那是一尊水晶玻璃心，两颗相交在一起的、什么力量也无法把它们分开的水晶玻璃心。此时，一缕晨光透过窗子照在水晶心上，折射出一串绚丽的七彩光来。

青年惊叹道："太美了，实在太美了。这么贵重的礼物，我付的钱一定是不够的。"

黛丝忙打断他说道："论价值它们是有差别的，但它如果能了却你们以前的恩恩怨怨，那它也就物有所值了。至于两件礼物之间所差的那点钱，也不必想它，将来你还会遇到更好的姑娘，那时候你再到我的店里多买些礼物送给她，就算感谢我了。"

不论是谁在遭到自己最爱的人无情的离弃后，那份悲愤与怨恨都是不难想象的。可是为什么重逢之际，当初那种火山喷涌的

 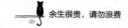 余生很贵，请勿浪费

怨怒与报复欲没能复燃，却要情不自禁地用一颗同情的心体谅对方。对曾经负情之人再伸出温情之手或选择悄悄走开，这说到底，还是爱。因为，他们曾经真正地爱过、痛过。那份爱，深入骨髓，温暖过他们的心灵和生命旅程。时间的流水可以带走很多东西，诸如忧伤、仇恨，但永远抹不去最初的那份爱恋在心灵上留下的温馨、美好与感动。那份爱，已如磐石，无法撼动。没有人会为了收获仇恨而去播种爱的种子。即使不能相爱，即使曾经爱过的人伤害过我们，我们也不该因爱成仇，而是要学会忘却。

爱有何难，难的是陪伴

从前，一位天使路过山涧的时候，遇到一位男孩。他们相爱了，就在山上建造了爱的小屋。

天使每天都要飞来飞去，但她真的很爱这位男孩，得空的时候就来陪伴他。

一天，天使与心爱的男孩在山涧散步。忽然，她说："如果有一天，你不再爱我了，我会离开你。因为没有爱的日子，我活不下去。那时候，我就会飞到另一个男孩的身边。"

男孩看了天使一会儿，坚定地说："我永远爱你！"

他们的日子过得很幸福，但是，男孩总觉得天使说不定哪一天就会离开他，飞到另一个男孩的身边了。于是，一天晚上，男孩趁着天使熟睡的时候，把天使的翅膀藏了起来。

天亮以后，天使生气地说："把我的翅膀还给我！为什么要这样？你不爱我了，你不爱我了……"

"我没有，我还是爱你的！我没有藏你的翅膀，真的，相信我好吗？"

"你骗人，你说谎，我不相信你了，我感觉你不爱我了！"

当她从柜子里找出翅膀后，就头也不回地飞走了。

男孩很难过，也很怀念那段美好的时光。他后悔了，就独自

  余生很贵，请勿浪费

坐到山头的风口上，默默地忏悔："纵然我爱你爱得发狂，也不能剥夺你自由飞翔的权利，是吗？我应该给你足够的自由，让彼此有喘息的空间。我现在真的懂了，你还能回来吗……"

忽然间，天使出现了。她温柔地说："我回来了，亲爱的！"

"你真的不走了，真的还爱着我？"

天使微笑着说："我感觉到，你还是爱我的，对吗？只要你还爱着我，我就一直爱着你。"生活中一些事情常常是物极必反的：你越是想得到他的爱，越要他时时刻刻不与你分离，他越会远离你，所以我们应该让爱人有自己的天地，爱人时常需要从爱的锁链里挣脱出来。如果我们能够帮助并支持他们，那么我们的爱就会永存。

爱是不将就，亦不苛求

爱是相互给予，而不是不断地索取。爱情需要精心维护和营造，一味地享受爱情的甜蜜，不知给爱的花园浇水施肥，爱的花朵迟早会枯萎。

一位悲伤的少女求见爱神。

"爱神，你掌管着人世间的爱情，现在，我有件关于爱情的事请教您，希望您能帮助我。"

"可怜的孩子，请说吧。"爱神说。

少女停顿了一下，忧伤的声调令人心碎：

"我爱他，可是，我马上就要失去他了。"少女流泪了。

"孩子，请慢慢从头说吧，怎么回事？"爱神慈祥地说。

"我与他深深相爱着。他以他的热情，日复一日地用鲜花表达着他对我的爱。每天早上，他都会送我一束迷人的鲜花，每天晚上，他都要为我唱一首动听的情歌。"

"这不是很好吗？"爱神说。

"可是，最近一个月来，他有时几天才送一束花，有时根本就不为我唱歌了，放下花束就匆匆离去了。"

"唔？问题出在哪儿呢？你对他的爱有变化吗？"

"没有，我一直从心里深深爱着他。但是，我从来没有表露

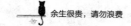

过我对他的爱，我只会以冰冷掩饰内心的热情。现在他对我的热情也在慢慢逝去，我真怕，真怕有一天失去他。爱神，请指教我，我该怎么办？"

爱神听完少女的诉说，从屋里取出一盏油灯，添了一点儿油，点燃了它。

"这是什么？"少女问。

"油灯。"

"点它做什么？"

"别说话，让我们看着它燃烧吧。"爱神示意少女安静。

灯芯嘶嘶地燃烧着，冒出的火苗欢快而明亮，它的光亮几乎映亮了整个屋子。然而，渐渐地，随着灯油越来越少，灯芯火焰也越来越小，光线变弱了。

"呀！该添油了！"少女道。

可是爱神示意少女不要动。任凭灯芯把灯油烧干，最后，连灯芯也烧焦了，火焰终于熄灭了，只留下一缕青烟在屋中飘浮。

少女沉思了一会儿，恍然大悟。

如同故事中的那位少女，我们许多人都固执地以为我们的爱永不褪色，永远新鲜，于是以"爱"的名义不断地向对方索取，殊不知，此刻爱已变了味道。

爱其实需要表白，还需要不断培养，否则爱情之花终究会凋落。

图书在版编目 (CIP) 数据

余生很贵，请勿浪费 / 尚波著 . — 北京 : 中国华
侨出版社 , 2021.3（2021.5 重印）
ISBN 978-7-5113-8364-8

Ⅰ . ①余… Ⅱ . ①尚… Ⅲ . ①成功心理 – 通俗读物
Ⅳ . ① B848.4-49

中国版本图书馆 CIP 数据核字（2020）第 216300 号

余生很贵，请勿浪费

著　　者 / 尚　波
责任编辑 / 姜薇薇
封面设计 / 冬　凡
文字编辑 / 胡宝林
美术编辑 / 刘欣梅
经　　销 / 新华书店
开　　本 / 880mm×1230mm　1/32　印张 / 6　字数 / 140 千字
印　　刷 / 三河市骏杰印刷有限公司
版　　次 / 2021 年 3 月第 1 版　　2021 年 5 月第 2 次印刷
书　　号 / ISBN 978-7-5113-8364-8
定　　价 / 36.00 元

中国华侨出版社　北京市朝阳区西坝河东里 77 号楼底商 5 号　邮编：100028
法律顾问：陈鹰律师事务所
发 行 部：（010）88893001　　　　传　　真：（010）62707370
网　　址：www.oveaschin.com　　　　E-mail：oveaschin@sina.com

如果发现印装质量问题，影响阅读，请与印刷厂联系调换。